Hund und Kind
Beste Freunde

AUTORIN: KRISTINA FALKE | FOTOGRAFIN: REGINA KUHN

Inhalt

Abenteuer Hund & Kind

Die Zeit der Schwangerschaft ist eine spannende Phase – nicht nur für Sie als werdende Eltern. Ihr Hund nimmt die Vorfreude und Veränderungen genauso wahr. Umso wichtiger ist es, ihn auf diesem Weg zu begleiten und auf die neue Lebensphase so gut es geht vorzubereiten.

Schwanger und Hund – na und!

Oftmals weiß Ihr Hund es eher als Sie: Sie sind schwanger! Spätestens nach Erhalt des positiven Schwangerschaftstests ist nichts mehr wie es war. Ein Baby ist unterwegs – und Ihr bisheriges Leben wird sich völlig verändern.

Eine spannende Zeit beginnt. Und daran möchten auch Ihre Freunde und Bekannten teilhaben. Deshalb werden Sie in der nächsten Zeit mit guten Ratschlägen und Geschichten überhäuft. Haben Sie diese Tipps verdaut, kommt die nächste Hürde: Ihr Hund! Stellen Sie sich auf Diskussionen mit Ihren Bekannten ein. Aber auch schon die eigenen Gedanken werfen neue Fragen rund um die Hund-Kind-Beziehung auf. Darf der Hund weiterhin ins Schlafzimmer? Muss er entwurmt werden? Wird er sich mit dem Kind verstehen? Im schlimmsten Fall stolpern Sie über einen Zeitungsartikel, in dem ein »Kampfhund« das eigene Kind gebissen hat.

Lassen Sie sich Ihre Vorfreude nicht nehmen! Sicher sollten Sie sich Gedanken zum richtigen Umgang mit dem Hund in der Schwangerschaft und in der Zeit danach machen – doch dafür brauchen Sie nicht die anderen. Sie kennen Ihren Hund am besten. Sie müssen mit Ihrer Familie Lösungen für eventuell auftretende Probleme mit dem Hund finden. Gleichzeitig sollte die schon bestehende gute Beziehung nach der Geburt Ihres Kindes weiter gefördert werden. Dazu muss aber erst einmal klar sein, was der Hund von Ihrer Schwangerschaft überhaupt mitbekommt – und das ist mehr, als Sie vielleicht denken!

Wenn Frauchen anders riecht ...

Der Hund spürt bereits zu Beginn der Schwangerschaft, dass Veränderungen in der Familienstruktur eingetreten sind. Er weiß es, bevor Sie wissen, dass

Sie ein Kind erwarten. Erklären lässt sich dies unter anderem durch den rasanten Anstieg des Schwangerschaftshormons BETA-HCG in Ihrem Blut. Es verdoppelt sich in den ersten Wochen im Durchschnitt alle zwei Tage. Dadurch riechen Sie in der Schwangerschaft anders. Da sich Hunde stark mit der Nase orientieren, ist es nur verständlich, dass Ihr Vierbeiner darauf reagiert, wenn sich Ihr vertrauter Körpergeruch plötzlich verändert. Das kann sich in untypischem Verhalten Ihnen gegenüber äußern, das heißt, dass er entweder gestresst, ängstlich oder unsicher ist oder aber freudig und aufgeregt.

… und ungewohnt handelt

Eine weitere Auswirkung des Schwangerschaftshormons sind Stimmungsschwankungen innerhalb von Minuten. Obwohl sie sich logisch erklären lassen, kommt es vor allem in Ihrem privaten Umfeld häufiger zu Unstimmigkeiten. Schnell übertragen Sie Ihre Laune auf Ihre Umgebung. Und auf Ihren Hund. Der hat aber einen erheblichen Nachteil. Er kann Ihre Stimmung zwar wahrnehmen, aber keinen Bezug zu einer Situation herstellen.
Welche Auswirkungen das hat, möchte ich Ihnen erklären: Wenn Sie bisher mit Ihrem Hund trainiert haben, liefen die Übungssituationen immer in etwa gleich ab: Sie stellten die Aufgabe und zeigten dem Hund mithilfe Ihrer freundlichen Stimme, dass er etwas gut gemacht hatte – und zwar genau in dem Moment, in dem er es tat (→ Seite 8/9). Doch während der Schwangerschaft kann es sein, dass Sie wegen der erwähnten Stimmungsschwankungen auf dieselbe Situation mal so, mal so reagieren. Das heißt, wenn Sie Ihr Hund freudig zum Spielen auffordert, lassen Sie sich einmal darauf ein und spielen mit ihm, beim zweiten Mal wenden Sie sich gereizt ab. Das irritiert den Hund, denn er sah Sie bisher als Rudelführerin, auf die er sich hundertprozentig verlassen konnte.

Wie der Hund auf Sie reagiert

Ihre Inkonsequenz während der Schwangerschaft legt der Hund als Schwäche aus, und das veranlasst ihn, seine und Ihre Position infrage zu stellen.
› Strebt er nach einem höheren Rang, wird er versuchen, Ihre Position in der Familienstruktur zu er-

Jeder Hund reagiert anders auf Veränderungen. Geben Sie Ihrem Hund stets ein Zugehörigkeitsgefühl.

gattern. In der Verhaltensbiologie wird dies Expansionsdrang genannt.

› Ist der Hund eher bereit sich unterzuordnen, kann er Unsicherheit zeigen, weil in seinen Augen seine sichere Lebensstruktur bei Ihnen zu wanken beginnt. Bisher ermöglichten Sie ihm einen geregelten, stressfreien Alltag. Er musste sich um nichts kümmern, seine Position im Rudel war sicher. Durch die plötzliche Veränderung Ihres Verhaltens wird dieser Alltag für den Hund infrage gestellt. Sicherlich ist Ihr Vierbeiner gewöhnt, dass Sie nicht immer gleich gut gelaunt sind, aber wenn dieser ständig wechselnde Zustand länger anhält und sich durch den wachsenden Hormonpegel und die Euphorie verstärkt, wird Ihr Hund erst recht aufmerksam. Im besten Fall zeigt er keine Änderung und nimmt die Schwangerschaft einfach so hin. Die schöne Variante ist, wenn der Hund auf einmal sehr schmusebedürftig wird und öfter als gewöhnlich Ihre Nähe sucht. Das andere Extrem zeigte einer meiner Hunde: Er war während meiner Schwangerschaft so verunsichert, dass er mich sogar ignorierte. Er wandte sich ab, kam Spielaufforderungen kaum nach und stellte mich auch bei Grundgehorsamsübungen auf die Probe.

In einem solchen Fall hilft es, den Hund über Vertrauensübungen wie Massage und Entspannung oder Lob und Leckerchen zu desensibilisieren. Sie zeigen ihm in aller Ruhe, dass Sie trotz Schwangerschaft immer noch sein Frauchen sind. Kontrollieren Sie, ob Ihr Hund genauso wie vor Ihrer Schwangerschaft das Futter frisst oder ob er es gegebenenfalls stehen lässt. Hunde verweigern häufig das Futter, wenn sich Veränderungen einstellen, die sie nicht als positiv ansehen. Diese Beispiele sind zwar nur kleine Anzeichen, aber der Hund zeigt Ihnen damit, dass er Verände-

Der Hund genießt das Kuscheln mit Ihnen. Dabei spürt er das Baby durch den Bauch. Lassen Sie ihn teilhaben, das stärkt sein Vertrauen zu Ihnen.

rungen in seinem häuslichen Umfeld wahrgenommen hat und Ihre Schwangerschaft miterlebt.

Die Frage aller Fragen

Ihre größte Angst wird sein, dass der eigene Hund das Baby nicht akzeptiert. Natürlich können Sie zu diesem Zeitpunkt nicht wissen, ob sich Ihr Hund mit Ihrem Kind verstehen wird, es beschützt und mit ihm spielt oder ob er dem Kind gegenüber eifersüchtig und aggressiv reagieren wird. Aber Sie können sich und den Hund so gut es geht im Lauf der Schwangerschaft auf die neue Situation vorbereiten. Dadurch stellen Sie die Weichen für eine harmonische Kind-Hund-Beziehung. Allerdings müssen Sie dann auch einige Gewohnheiten ändern und ihm vielleicht Neues beibringen. Dazu ist es wichtig zu verstehen, wie Hunde lernen und wie sie unsere Signale aufnehmen.

So lernt der Hund

Für uns ist Sprache die einfachste Möglichkeit, sich mit anderen Personen zu verständigen. Doch der Hund kann, ohne es gelernt zu haben, keinen Bezug zum Gesprochenen herstellen, geschweige denn eine Handlung damit in Verbindung bringen. Mit Artgenossen kommuniziert er über Duftspuren und seine Körpersprache. Für Letztere nutzt er alles, was er bewegen kann. Trotz dieser großen Unterschiede ist es dem Hund möglich, unsere Signale zu erlernen und einer Handlung zuzuordnen.

Verknüpfungen leicht gemacht

Ein Welpe lernt das Signal »Sitz« nicht einfach, indem man es ihm sagt, denn das versteht er nicht. Halten Sie dem stehenden Welpen jedoch ein Leckerchen vor die Nase und ziehen es über seinen Kopf, wird er dem Duft neugierig folgen und seinen Kopf immer weiter nach hinten halten. Reflexartig setzt er sich, um aus entspannter Lage heraus an das Leckerchen zu kommen. In dem Moment, in dem er sich sicher auf seinen Po setzt, geben Sie mit freundlicher Stimme das Signal »Sitz«; dann bekommt er das Leckerchen. Wichtig ist, dass Sie das Signal erst geben, wenn er die Übung auf jeden Fall richtig macht, um Fehlverknüpfungen zu vermeiden. Optimal ist es, wenn Sie das Signal eine halbe Sekunde, bevor sich Ihr Hund setzt, geben. Die Übung bedarf einiger Wiederholungen, bis der Hund die Handlung »Popo auf den Boden« mit dem Signal »Sitz« verknüpft hat. Bis zu 3000 Wiederholungen sind nötig, damit er in allen Situationen richtig reagiert. So kann der Hund alle Signale, die im täglichen Umgang wichtig sind, mit einer gewünschten Handlung in Zusammenhang bringen.

So lernt der Hund erfolgreich

Diesen Lernprozess Ihres Hundes können Sie durch Lob unterstützen. Dabei spielt das richtige Timing eine große Rolle. Denn zum Bestätigen und Festigen eines richtig gezeigten Verhaltens bleiben Ihnen nach Durchführung ein bis maximal zwei Sekunden Zeit für das Loben. Zu einem späteren Zeitpunkt kann der Vierbeiner das Lob nicht mehr mit dem richtigen Verhalten in Verbindung bringen.

Richtig belohnen Um Ihren Hund für richtiges Verhalten zu belohnen, geben Sie ihm zum Beispiel ein Leckerchen. In der Verhaltenspsychologie nennt man dies einen positiven Verstärker. Damit steigern Sie die innere Motivation des Hundes. Er erfährt Positives und möchte Wiederholungen. Befindet sich der Hund noch im Grundtraining, das heißt, muss er erst lernen, mit dem Signal, etwa »Sitz«, die entsprechende Handlung zu verknüpfen, dann belohnen Sie das richtige Verhalten jedes Mal. Sobald diese Verknüpfung besteht, sollten Sie variabel belohnen. Das Leckerchen wird dann bewusst

---

Die eigene Einstellung ist wichtig

GUTE LAUNE Der Hund hat ein Gespür für Ihre Tagesstimmung. Gute Laune überträgt sich positiv auf ihn. Trainieren Sie mit Freude, dann ist Erfolg vorprogrammiert.

NICHTS VORTÄUSCHEN Simulierte gute Laune kann der Hund von »echter« unterscheiden! Stehen Sie unter Spannung, sollten Sie die Trainingseinheit auf einen anderen Zeitpunkt verschieben.

Mit einem Clicker lässt sich der Hund punktgenau für richtiges Verhalten bestätigen. Zudem ist Clickern eine gute Denksportaufgabe für den Hund.

Ruhephasen sind ebenso wichtig wie das aktive Sammeln von Erfahrungen. Während des Schlafens verarbeiten die Hunde ihre Erlebnisse.

unregelmäßig eingesetzt. Dadurch steigern Sie die Aufmerksamkeit, die Ihnen Ihr Hund schenkt. Um für den Hund spannend zu bleiben, belohnen Sie ihn auf unterschiedliche Weise. Variieren Sie die Länge des Lobes, streicheln Sie den Hund, überraschen Sie ihn mit Spielaufforderungen, nehmen Sie einen Ball oder setzen Sie »nur« die Stimme ein. Leckerchen können aus guter Wurst, Käse, normalem Futter oder Ähnlichem bestehen. Passen Sie die Art des Lobes an den Hund und an den Schwierigkeitsgrad einer Übung an. »Jackpots« sollten nur bei schweren Übungen verteilt werden.

Lernen durch negative Erfahrung

Ihr Hund sollte aber auch ein Signal für einen Handlungsabbruch kennen, das ihm mitteilt, dass er ein bestimmtes Verhalten unterlassen muss, etwa das Klauen von Lebensmitteln vom Tisch. Für diesen Fall setzen Sie einen negativen Verstärker ein, etwa die Stimme. Ein scharf gesprochenes kurzes »Nein« signalisiert dem Hund Ihre verärgerte

Stimmung in dieser Situation. Das reicht häufig aus, dass er ein ungutes Gefühl bekommt und solche Handlungen unterlässt.

Auch hierbei spielt das Timing wieder eine große Rolle. Der negative Verstärker wird genau dann gesetzt, wenn der Hund dabei ist, etwas Verbotenes zu tun, also wenn er mit der Schnauze gerade etwas klauen möchte. Kaut der Hund das Brot schon, wird er Ihr »Nein« nicht mehr mit der Situation des Klauens verknüpfen.

Das »Nein« vermittelt dem Hund, dass sein Verhalten falsch ist. Das Signal sollte so stark sein, dass er sich erschrickt, aber in Zukunft Ihnen gegenüber kein unsicheres Verhalten zeigt. Loben Sie ihn, nachdem er die Handlung abgebrochen hat.

Wichtig Seien Sie Ihrem Hund gegenüber konsequent, er ist es auch! Er wird kein Verhalten unterlassen, wenn er damit zwischendurch Erfolg hatte. Denn die Erfolge wirken wie eine variable (Selbst-)Belohnung (→ links) und steigern sein weiteres Interesse am Verbotenen.

Grunderziehung des Familienhundes

Eine Vorschrift, welche Signale ein Hund beherrschen sollte, gibt es nicht. Bestimmte Basics erleichtern jedoch das Zusammenleben – gerade in der Schwangerschaft – ungemein.

»Sitz« und »Platz« immer und überall

Mit »Sitz« (→ Seite 8) und »Platz« haben Sie die Möglichkeit, Ihren Hund in allen Situationen zu fixieren. Üben Sie nicht nur zu Hause, sondern trainieren Sie auch im Garten, auf dem Spaziergang oder in der Stadt. Lassen Sie den Hund absitzen, wenn sich Menschen nähern oder andere Hunde in der Umgebung sind. Dadurch steigern Sie das Reizumfeld. Das heißt, der Hund bekommt nicht nur das nötige Grundtraining, sondern auch das Aufbautraining, welches die Durchführung in allen Situationen und unter jeder Ablenkung sichert. Um Ihrem Hund das »Platz« beizubringen, nehmen Sie ein Leckerli in die Hand und führen es zwischen den Vorderpfoten des Hundes Richtung Boden. Sobald er liegt, geben Sie ihm das Signal »Platz« und belohnen ihn mit dem Leckerli.

1 Beherrscht Ihr Hund das Signal »Sitz«, können Sie als Sichtzeichen den erhobenen Zeigefinger einführen. Dann setzt er sich auch aus der Entfernung.

2 Für das Signal »Platz« führen Sie die Handfläche Richtung Boden. Dies ist eine Übung, die auch Ihr Kind gut mit dem Hund durchführen kann.

Eine Übung auflösen

Wenn Ihr Hund sitzt, sollte er so lang sitzen bleiben, bis Sie die Übung »Sitz« auflösen. Es nützt nichts, wenn sich Ihr Hund zwar auf Signal hinsetzt, aber selbst bestimmt, wann er wieder aufsteht. Sinn der Übung ist ja, dass Sie jederzeit Kontrolle über Ihren Hund haben.

So geht's Sobald der Hund lang genug gesessen ist, halten Sie ihm ein Leckerchen vor die Nase und locken ihn durch langsames Wegziehen Ihrer Hand aus seiner Position. In dem Moment, wo er aufsteht, sagen Sie zum Beispiel »Okay«. Ihr Hund verknüpft nach einigen Wiederholungen die Handlung »Aufstehen« mit dem Signal. Im Aufbautraining schleichen Sie die Leckerchen aus (→ Seite 9) und erweitern die Zeitabstände zwischen »Sitz« und »Okay«. Ihr Hund lernt kontrolliert zu sitzen und Ihr weiteres Signal abzuwarten. Das Auflösewort lässt sich nach vielen Signalen einsetzen und ist eine gute Konzentrationsübung.

Eine Alternative zum »Okay« bietet Ihnen das Wort »Bleib«. »Bleib« sagen Sie dem Hund unmittelbar, nachdem er sich hingesetzt hat. Er sollte nun verweilen. Entfernen Sie sich langsam von Ihrem Hund und drehen ihm den Rücken zu, damit er lernt, dass »Bleib« auch ohne Sichtkontakt Geltung hat. Nur so können Sie sich entspannt von ihm entfernen.

Kommt er, oder kommt er nicht?

Ihr Hund sollte aus allen Situationen abrufbar sein. Das bedeutet, dass er auf Ihr Rufen hin umgehend zu Ihnen kommt. Das zugehörige Hörzeichen »Hier« sollten Sie wie alle anderen Signale auch unter Ablenkung trainieren. Es wird aber nur einmal gegeben. Durch mehrfaches Rufen lernt der Hund, dass Ihr gesprochenes Wort keine negativen Konsequenzen für ihn hat, da Sie zu dem Zeitpunkt keine Zugriffsmöglichkeit auf ihn haben.

So geht's Eine Möglichkeit ist das Training mit Schleppleine, deren Länge Sie variieren. Dadurch kann sich der Hund nicht an den maximalen Radius gewöhnen. Die Leine darf nicht spannen, damit sich der Hund unangeleint fühlt. Das ist für das spätere Ausschleichen wichtig. Rufen Sie den Hund aus verschiedenen Distanzen innerhalb des Leinenradius zu sich, sobald er sich in Ihre Richtung bewegt. Reagiert er nicht nach dem ersten Mal, ziehen Sie ihn mithilfe der Leine zu sich. Die Leine entspannt, sobald der Hund auf Sie zuläuft. Loben Sie ihn, auch wenn Sie ziehen mussten. Dadurch motivieren Sie ihn, in Zukunft gern zu kommen.

Wer geht mit wem spazieren?

Hand aufs Herz, wie konsequent achten Sie auf die Leinenführigkeit? Die meisten Besitzer arrangieren sich nach einiger Zeit mit dem Hund und lassen sich von ihm ziehen. Im Lauf der Schwangerschaft wird Ihnen dies immer schwerer fallen. Spätestens wenn Sie mit Kinderwagen und einem ziehenden

1 Bestimmt der Hund Tempo und Richtung, wird das Ziehen an der Leine zu einer Belastung. Zudem kann es für die werdende Mutter gefährlich sein.

2 Machen Sie den Hund auf sich aufmerksam, indem Sie abrupt stehen bleiben. Der Hund schaut zu Ihnen, in dem Moment ist die Leine entspannt.

3 Sobald die Leine locker hängt, können Sie weitergehen. Vergessen Sie aber nicht, den Hund zu belohnen. Seine Aufmerksamkeit muss sich für ihn lohnen.

Hund unterwegs sind, steigt der Stresspegel ins Unermessliche. Bedenken Sie, der Hund zieht nur aus einem Grund: Sie lassen sich ziehen!

So geht's Lenken Sie die Aufmerksamkeit Ihres Hundes wieder auf sich, indem Sie Weg und Tempo bestimmen! Bleiben Sie konsequent stehen, sobald die Leine spannt, und gehen Sie erst weiter, wenn diese entspannt. Loben Sie dann Ihren Hund. Üben Sie dies auch bereits mit Ihrem Welpen.

Planung der kommenden Zeit

Machen Sie sich bewusst, welche Konsequenzen für den Hund durch ein Baby entstehen und was Sie frühzeitig ändern können.

Wichtige Termine rechtzeitig wahrnehmen Planen Sie vorhersehbare Tierarztbesuche wie Impfungen oder Wurmkuren rechtzeitig. Schieben Sie diese nicht auf, denn Ihre Belastbarkeit wird voraussichtlich im Lauf der Schwangerschaft sinken.

Die Aufgaben neu verteilen In den meisten Familien bleibt die Mutter zu Hause, betreut die Kinder und hat Haushalt und Familie im Griff. Ist der Hund hauptsächlich auf sie fixiert, stellt die neue Situation für ihn eine große Veränderung dar, weil sich die Mutter plötzlich verstärkt um das Baby kümmert. Der Hund fühlt sich vernachlässigt. Gewöhnen Sie ihn deshalb in der kommenden Zeit daran, dass bisherige Aufgaben der Mutter mehr der Vater und/oder vielleicht schon vorhandene Kinder, wenn sie alt genug sind, unter Aufsicht der Eltern übernehmen.

Übergeben Sie das »Hundezepter« an Ihren Mann. Er kann Sie unterstützen, indem er sich mehr um den Hund kümmert. Der Vierbeiner freut sich über Spielaufforderungen, diese lasten ihn aus.

Hat sich der Mann bisher um den Hund geküm-
mert, wird sich trotz Baby kaum etwas ändern.

Ist der Hund »babytauglich«?

Kommt ein Baby ins Haus, müssen Sie sich auf die
Sicht- und Handlungsweisen des Kleinkinds ein-
stellen. Ein Baby kneift den Hund und kennt keine
Scheu vor dessen Zähnen; häufig ist es mit dem
Hund auf Augenhöhe. Testen Sie deshalb, ob Ihr
Hund »babytauglich« ist:

› Lässt er sich den Futternapf wegziehen oder
können Sie ihn während des Fressens streicheln
(auch wenn Sie das später nicht zulassen wollen)?
Wenn er Sie dabei anknurrt, verteidigt er sein Futter
vor Ihnen. Dann stimmt etwas in der Rudelstruktur
nicht. Wenn der Hund Sie als Rudelchef schon anknurrt, was wird dann mit dem Kind geschehen?

› Lässt sich Ihr Hund an allen (!) Körperteilen anfassen? Das Baby kennt keine Tabuzonen beim
Hund. Es wird überallhin greifen wollen und auch
hier und da versuchen, am Schwanz, an den Ge-
schlechtsteilen oder am Fell zu ziehen.

Durch solche Versuche können Sie erkennen, ob Ihr
Vierbeiner ein Risiko für das Baby ist. Stellen Sie
Defizite fest, sollten Sie die Zeit der Schwanger-
schaft für solche Trainingseinheiten nutzen. Je öfter
Sie üben, umso besser.

Beachten Sie auch die Schmerzempfindlichkeit
Ihres Hundes. Sollte er kitzelig sein oder gar ungeduldig reagieren, gewöhnen Sie ihn im Lauf der Zeit
an diese Berührung, indem Sie ihn dort regelmäßig
langsam betasten.

Zeichnen sich auf diese Weise Schwierigkeiten ab,
sollten Sie sich frühzeitig mit einem guten Hundetrainer in Verbindung setzen, der Sie, Ihre Familie
und den Hund während der Schwangerschaft berät
und betreut (Adressen, → Seite 62).

Einen Trainingsplan aufstellen

TIPPS VON DER
HUNDE-EXPERTIN
Kristina Falke

Für eine effiziente Planung des Trainings rate ich
Ihnen zu einem schriftlichen Trainingsplan. Er
kann folgende Kategorien enthalten:

IST-ZUSTAND Tragen Sie hier ein, was der Hund
schon kann, zum Beispiel macht er »Sitz« nur
ohne Ablenkung.

SOLL-ZUSTAND Tragen Sie hier Ihr Ziel ein, zum
Beispiel dass Ihr Hund »Sitz« unter jeder Ablen-
kung, in jeder Entfernung unter verschiedenen
Bedingungen machen kann.

ZWISCHENSCHRITTE FIXIEREN Notieren Sie
hier die Schritte, die zu Ihrem Ziel führen. Im genannten Fall müssten Sie die Außenreize langsam steigern. Das bedeutet, dass Sie den Hund
absitzen lassen, wenn sich Menschen oder andere Hunde nähern.
Mithilfe Ihrer Vermerke können Sie Erfolge nachvollziehen und Schwierigkeiten erkennen.

ZEITLIMITS NUTZEN Setzen Sie sich Fristen,
bis zu denen Sie ein Ziel erreichen wollen. Dabei
darf der Hund aber nicht in Stress geraten.

Rituale ändern und aufstellen – aber wann?

Im günstigsten Fall haben Sie neun Monate Zeit, den Hund an neue Rituale zu gewöhnen und Gewohnheiten aufzuheben. Wenn Sie zum Beispiel möchten, dass Ihr Hund nicht mehr auf die Couch darf, sobald das Baby da ist, gewöhnen Sie ihn bereits jetzt daran, dass sein Platz im Körbchen ist. Grund: Der Hund soll ein Privileg abgeben, das fällt schon schwer. Ändern Sie das aber erst, wenn das Kind da ist, wird er diesen Verlust negativ mit dem Baby in Zusammenhang bringen, zumal das Baby vermutlich diesen Platz einnehmen wird. Das heißt: Frühzeitige Veränderungen kann der Hund später nicht mit dem Kind in Verbindung bringen.

Einem Welpen geben Sie während der Schwangerschaft nur so viel Aufmerksamkeit, wie es Ihnen auch später mit Baby möglich ist.

Lernt der Hund frühzeitig, dass das Sofa nicht mehr für ihn bestimmt ist, wird er auch akzeptieren, wenn das Baby darauf herumkrabbelt.

Der Hund im Kinderzimmer

Gewähren Sie Ihrem Hund Zugang zum Kinderzimmer. Selbst wenn er sich nicht dauerhaft darin aufhalten darf, sollte er es kennenlernen. Er wird feststellen, dass dieser Raum nicht anders ist als die restliche Wohnung, und sein Interesse daran wird schwinden. Wäre das Kinderzimmer für ihn tabu, würde er immer wissen wollen, was sich hinter der Tür befindet. Zudem würde ihn reizen, dass das Baby in den Raum darf, aber er nicht. Besser: Richten Sie ihm eine kleine Ecke ein, in der er sich hinlegen und zusehen kann.

Üben Sie mit Ihrem Hund, dass er sich ohne Weiteres auf Ihr Signal hin aus dem Kinderzimmer schicken lässt. So können Sie ihn beliebig mitnehmen, aber auch bewusst hinausschicken, während die Kinder toben. Oft hilft ein Kindergitter im Türrahmen, um Kind und Hund räumlich zu trennen.

Hund und Kinderspielzeug Beobachten Sie, wie er sich gegenüber herumliegendem Kinderspielzeug verhält. Nimmt er es mit seiner Schnauze auf? Gibt er es wieder ab? Sollte Ihr Hund eine Vorliebe für quietschendes (Kinder-)Spielzeug haben, sollten Sie besonders vorsichtig sein. Häufig sind Hunde- und Kinderquietschis vom Klang her gleich und motivieren den Hund ungemein. Doch wenn das Kind damit spielt, besteht die Gefahr, dass der Hund vor Spieleifer hineinbeißt. Sie machen Spielzeug für den Hund uninteressant, wenn Sie zum Beispiel öfter die Spieluhr aufziehen, ihr aber keine Beachtung schenken. Mit den anderen Spielsachen können Sie ähnlich verfahren. Benutzen Sie diese Gegenstände so emotionslos, als würden Sie ein Glas aus dem Schrank nehmen. Ihr Desinteresse an den Babysachen bewirkt, dass sie auch für den Hund uninteressant sind. Zudem wird Ihr Kind später viel in den Mund stecken, da ist es auch aus hygienischen Gründen sinnvoll, wenn Ihr Hund das Spielzeug nicht angekaut hat.

Ruhezone für den Hund

Richten Sie Ihrem Hund, egal ob Welpe oder erwachsener Hund, eine Rückzugsgelegenheit ein, zu der er jederzeit Zugang hat. Das kann ein Körbchen oder Hundebett sein. So hat er die Möglichkeit, sich aus Stresssituationen zurückzuziehen, etwa wenn das Baby zu laut schreit oder die Geschwister untereinander streiten. Achten Sie darauf, dass er hier ungestört ist. Wird Ihr Baby mobil, will es auch diesen Ort erobern. Doch sogar die Kleinsten akzeptieren Tabubereiche, wo der Hund ungestört ist.
So geht's Sollte Ihr Hund bislang noch keinen Ruheplatz haben, gewöhnen Sie ihn daran, indem Sie ihn freundlich motivieren, sich in sein Körbchen zu legen. Füttern Sie ihn dort mit Leckereien wie Kauknochen oder Schweineohren. Damit hat er eine Weile zu tun, und er wird sich gern hinlegen, genießen und entspannen.

Anspringen unterbinden

Sollte Ihr Hund Sie, Besucher oder andere Spaziergänger anspringen, gewöhnen Sie es ihm frühzeitig ab. Denken Sie daran, dass Ihr Kind zu Beginn seiner Steh- und Laufphase dem Hund kräftemäßig nicht gewachsen ist. Dies ist ein langwieriger Prozess, der Ihre Konsequenz erfordert, denn Ihr Vierbeiner hat gelernt, dass er durch Springen positive Aufmerksamkeit bekommt. Damit belohnt er sich selbst (→ Seite 9).
So geht's Ignorieren Sie Ihren Hund, wenn Sie nach Hause kommen und er Sie anspringt. Geben

Lassen Sie den Hund ruhig zusammen mit Ihnen ins Kinderzimmer. Dadurch sperren Sie ihn nicht aus und verhindern, dass er eifersüchtig reagiert.

Sie ihm stattdessen eine andere Aufgabe – etwa »Sitz« – und loben Sie ihn, wenn er sich hinsetzt. Bitten Sie Besucher, den springenden Hund nicht zu beachten und ihn erst wahrzunehmen, wenn er entspanntes Verhalten zeigt.
Lassen Sie Ihren Hund auf Spaziergängen nicht zu nah an andere Leute. Jeder Mensch reagiert anders: Manchen macht es nichts aus, angesprungen zu werden, andere haben vielleicht Angst vor Hunden. Der Hund kann aufgrund dieser unterschiedlichen Reaktionen nicht eindeutig zuordnen, ob sein Verhalten erwünscht oder unerwünscht ist. Helfen Sie ihm, indem Sie ihm ein deutliches »Nein« geben, bevor er zum Sprung ansetzt, und loben Sie ihn bei Erfolg. Durch Konsequenz und Wiederholungen haben Sie die Chance, dem Hund das Anspringen abzugewöhnen. So beugen Sie möglichen Verletzungen Ihres Kindes vor.

Sind Sie mit einem Welpen genauso konsequent. Jetzt ist er noch klein und knuddelig, doch nach ein bis zwei Jahren ist er bereits ausgewachsen und erreicht sein Endgewicht.

Gassi-Runden anpassen

Können Sie Ihren Hund nach der Geburt nicht mehr zu den gewohnten Zeiten Gassi führen, dann übernehmen Sie den neuen Zeitrhythmus schon jetzt. Überlegen Sie, wie Sie Ihren Vierbeiner dabei am besten beschäftigen, denn Laufspiele werden mit Kinderwagen erst einmal nicht möglich sein.

Tipp Nutzen Sie die Gunst der Stunde und trainieren Sie stattdessen seinen Grundgehorsam. Der Hund erhält kleine Lerneinheiten und geistige Auslastung. Alternativ können Sie apportieren üben.

Betretungsverbote einführen

Ich habe festgestellt, dass es sinnvoll ist, manche Orte zu tabuisieren, etwa die Babydecke. Liegen Hund und Säugling dicht beieinander, haben Sie als Mutter kaum eine Chance, im Notfall schnell genug einzugreifen. Je nach Temperament des Hundes kann er das Baby durch zu schnelle Bewegungen mit den Krallen oder indem er auf dem Säugling zu liegen kommt, verletzen. Umgekehrt kann der Hund den Greifversuchen des Babys nicht entkommen. Bleiben Kinderhände im Fell hängen, ist das schmerzhaft für Ihren Hund.

Bei einem Welpen, der noch nicht stubenrein ist, besteht die weitere Gefahr, dass er auf die Decke pinkelt. Allein aus hygienischen Gründen sollte das vermieden werden. Zudem sind Körperbewegungen eines Welpen häufig unkoordinierter als die eines ausgewachsenen Hundes.

Bringen Sie aus den genannten Gründen Ihrem Hund rechtzeitig bei, dass er sich nicht auf die Decke, aber gern danebenlegen darf. Durch die optische Abgrenzung von der Decke zum Boden kann der Hund diesen Tabubereich als solchen eher wahrnehmen, als wenn Sie ihn nur vom Baby fernhalten, wenn er ihm wieder zu nahe kommt.

So funktioniert das Deckentraining Setzen Sie sich auf die Decke. Möchte Ihr Hund dazukommen, strecken Sie Ihre Hand mit gehobener Handfläche

Auf einem Spielplatz kann Ihr Hund Kinder kennenlernen. Halten Sie ihn jedoch immer unter Kontrolle.

in seine Richtung aus und sagen »Nein«. Loben Sie ihn, sobald er die Decke nicht mehr berührt. Akzeptiert er das, fordern Sie ihn in einem zweiten Schritt mit dem Signal »Platz« auf, sich neben Sie, aber nicht auf die Decke zu legen. Nimmt er diesen Tabubereich an, wird er es auch später tun, wenn Ihr Kind auf der Decke liegt.

Ein Hund ist kein Kindersatz

Durch den Hormonanstieg während der Schwangerschaft neigen manche Frauen dazu, sich dem Hund verstärkt zu widmen. Nutzen Sie Ihren treuen Vierbeiner aber nicht als Kindersatz aus, denn dieses Privileg muss er nach der Geburt zugunsten des Kindes wieder abgeben, wenn die Hormone in den Normbereich fallen. Dadurch könnten Sie (unbewusst) eifersüchtiges Verhalten fördern. Geben Sie Ihrem Hund während der Schwangerschaft nur so viel Aufmerksamkeit, wie Sie ihm auch später mit Baby geben können. Räumen Sie ihm stattdessen als neues Ritual täglich ein paar Minuten mit Ihnen allein ein. Dabei können Sie mit ihm schmusen, spielen und ihn verwöhnen, wie es Ihnen beliebt. Wählen Sie kleine Zeitintervalle (fünf Minuten), dann lässt sich dieses Ritual auch noch nach der Geburt durchführen. Ich empfehle, diesen Zeitpunkt auf den Abend zu legen, weil Ihr Kind dann schläft. Schaffen Sie sich während der Schwangerschaft einen Welpen an, sollte dieser direkt die neuen Rituale kennenlernen. Das fällt häufig besonders schwer, da man den süßen Welpen am liebsten den ganzen Tag knuddeln möchte. Trotz aller Fürsorge, die Sie dem Kleinen geben wollen, vergessen Sie aber bitte nicht, dass Sie ihm einen größeren Gefallen tun, wenn er direkt die neuen Regeln lernt. Umlernen fällt einem Hund nämlich schwerer als etwas neu zu lernen.

Kennt Ihr Hund **Kinder?**

Bevor Ihr Baby auf die Welt kommt, sollten Sie sich Gedanken machen, welche Erfahrungen Ihr Hund bislang mit Kindern gemacht hat und ob er Kinder in verschiedenen Altersstufen kennt. Auch Welpen sollten Kinder jeden Alters kennenlernen. So können Sie den Hund vorbereiten:

KINDER DRAUSSEN Gehen Sie öfter an Kindergärten, Schulhöfen oder Spielplätzen vorbei. Bleiben Sie in sicherer Entfernung stehen und beobachten Sie seine Reaktion auf fröhliche, weinende und spielende Kinder. Wenn Sie den Eindruck haben, dass er entspannt ist, nähern Sie sich etappenweise den Kindern. Ihr Hund darf auf keinen Fall in Stress geraten.

KINDER ZU HAUSE Wenn Sie die Möglichkeit haben, bitten Sie jemanden aus Ihrem Bekanntenkreis, der ein Baby oder Kleinkind hat, Sie zu Hause zu besuchen. Dann können Sie sehen, wie sich Ihr Hund im eigenen Territorium Kindern gegenüber verhält und wie stark er an Kindern interessiert ist.

› Zieht er sich auf seine Hundedecke zurück und will seine Ruhe haben, lassen Sie ihn. Rückzug ist sein gutes Recht.

› Fordert er das Kind zum Spielen auf, achten Sie darauf, dass er es dabei nicht zu stark bedrängt. Ist dies der Fall, rufen Sie den Hund zu sich und legen ihn an einer Stelle ab.

› Fängt er an zu kontrollieren und verfolgt er das Kind permanent, rufen Sie ihn ebenfalls zu sich und legen ihn an einer Stelle ab. Reagiert Ihr Hund so, sollten Sie überlegen, einen Hundetrainer einzuschalten, denn hier scheint in der Gesamtstruktur etwas nicht zu stimmen. Ihr Hund zeigt chronischen Stress. Der Stress kann sich ins Unermessliche steigern und beim Hund zu Fehlverhalten und Krankheiten führen.

Wohin mit dem Hund während der Entbindung?

Das freudige Ereignis rückt immer näher. Doch vorher sollten Sie sich Gedanken machen, wo und wie Sie Ihren Hund während Ihres Krankenhausaufenthalts versorgen. Es gibt mehrere Möglichkeiten.

› Am besten ist es natürlich, wenn der Hund in seinem gewohnten Umfeld bleiben kann, das heißt, ein Hundesitter kommt zu Ihnen nach Hause.

› Vielleicht können Sie Ihren Hund bei Freunden oder guten Bekannten lassen. Besuchen Sie diese

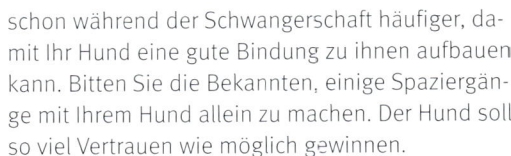

schon während der Schwangerschaft häufiger, damit Ihr Hund eine gute Bindung zu ihnen aufbauen kann. Bitten Sie die Bekannten, einige Spaziergänge mit Ihrem Hund allein zu machen. Der Hund soll so viel Vertrauen wie möglich gewinnen.

› Dann gibt es noch die Möglichkeit der gewerblichen Hundesitter oder den Hund in einer guten Tierpension unterzubringen. Schauen Sie sich mehrere Pensionen beziehungsweise Sitter an; Adressen finden Sie im Branchenfernsprechbuch oder im Internet (→ Seite 62). Lassen Sie Ihren Hund entscheiden, wo er sich am wohlsten fühlt. Aber auch Sie sollten ein gutes Gefühl dabei haben.

Daran sollten Sie denken

› Lassen Sie Leckerchen, Spielzeug, Decke usw. beim Hundesitter, dann müssen Sie nicht kurz vor der Entbindung daran denken. Und der Hund hat bereits seine Lieblingsgegenstände vor Ort.

› Informieren Sie Ihren Sitter im Vorfeld, auf was er achten soll, etwa auf bestimmte Medikamente, auf Futtergewohnheiten des Hundes oder seine Sozialverträglichkeit gegenüber anderen Hunden.

› Bitten Sie den Hundesitter, dass der Hund bereits zu Hause ist, wenn Sie mit Ihrem Baby entlassen werden. Kommen Sie zusammen mit dem Kind herein, stellt der Hund einen positiveren Bezug zu ihm her, als wenn es bereits in seinem Territorium ist, wenn der Hund nach Hause kommt. Denn dann weiß er nicht, wie es dorthin gelangt ist.

Geben Sie dem Hundesitter bereits frühzeitig Gelegenheit, Kontakt zu Ihrem Hund aufzunehmen.

Den Alltag mit Kind entstressen

In Ihrer Schwangerschaft müssen Sie vieles bedenken. Da bleibt oft wenig Zeit für den Hund. Sie können ihm das Leben etwas erleichtern, wenn Sie schon im Vorfeld Stresssituationen durch klare Regeln und Planung vermeiden.

Tut gut

+ Richten Sie Ihrem Hund einen Ruheplatz ein, zu dem er jederzeit Zugang hat, um entspannen zu können.

+ Trainieren Sie mit positiver Stimme. Gute Laune motiviert ihn stärker.

+ Planen Sie gemeinsam mit Ihrer Familie die abzusehenden Veränderungen.

+ Führen Sie neue Rituale für den Hund frühzeitig ein und schleichen Sie alte Gewohnheiten, die nicht beibehalten werden können, aus.

+ Schalten Sie rechtzeitig einen guten Hundetrainer ein, der Ihnen bei auftretenden Problemen und Unsicherheiten jederzeit zur Seite steht.

Besser nicht

− Benutzen Sie Ihren Hund während der Schwangerschaft nicht als Kindersatz.

− Schieben Sie nötiges Training nicht auf die lange Bank. Beginnen Sie mit dem Training zu spät, stressen Sie sich und den Hund unnötig.

− Verweigern Sie Ihrem Hund nicht den Zugang zum Kinderzimmer. Durch diesen Ausschluss könnten Sie bei ihm Eifersucht fördern.

− Lassen Sie Stimmungsschwankungen nicht an Ihrem Hund aus. Diese sind verwirrend für ihn.

− Lassen Sie den Hund während der Entbindung nicht allein zu Hause. Sorgen Sie dafür, dass er gut verpflegt wird.

Das Kind-Hund-Team

Ihr Wunsch ist es, dass Kind und Hund eine wunderbare gemeinsame Zeit haben. Dazu müssen Sie beide miteinander vertraut machen und so die Grundlage für eine harmonische Kind-Hund-Beziehung schaffen. Auf den folgenden Seiten möchte ich Ihnen einige Tipps geben, wie dies sicher gelingt.

Das Baby kommt nach Hause

Der spannende Augenblick ist gekommen. Sie stehen vor der Wohnungstür, dahinter wartet Ihr Hund. Doch wie er auf Sie und das Baby reagieren wird, wissen Sie (noch) nicht. Umso wichtiger ist es, dass Sie genau wissen, wie Sie sich verhalten sollten.

Der richtige Start

› Wenn Sie in die Wohnung kommen, benutzen Sie genau das Begrüßungsritual, das Sie immer verwenden, so als ob Sie zum Beispiel vom Einkauf zurückkommen. Das kennt Ihr Hund.
› Bleiben Sie ruhig. Ihre Unsicherheit würde sich umgehend auf den Hund übertragen. Gehen Sie selbstsicher und mit positiver Einstellung in diese Situation. Halten Sie sich vor Augen, wie schön es wird, wenn Hund und Kind zusammen spielen. Sobald Sie in der Wohnung stehen, wird Ihr Hund seine Nase Richtung Kindertrage strecken und daran riechen. Das sollte er auch tun. Zeigen Sie ihm die Trage mit dem Baby. Bedenken Sie aber das Temperament Ihres Hundes. Haben Sie einen aktiven Hund, lassen Sie ihn zuvor sitzen und erst dann schnuppern. Sie halten dadurch Ruhe in der Phase des Kennenlernens, und der Hund wird nicht zu übermütig. Geben Sie Ihrem Hund Zeit, den Neuzugang zu begutachten. Aus hygienischen Gründen sollte er dem Baby nicht das Gesicht ablecken.

Elternabsprache Klären Sie schon vorher mit Ihrem Partner, wie Sie vorgehen. Am besten ist es, wenn Sie das Baby tragen und den Hund daran schnuppern lassen. Der Vater behält den Hund im Auge und gibt ihm Signale und Aufgaben. Würden Sie beide gleichzeitig auf den Hund einreden, wüsste er nicht, auf wen er hören sollte. Dadurch entsteht eine für ihn unklare Situation. Bekommt er stattdessen eine präzise Anweisung, kann er sich

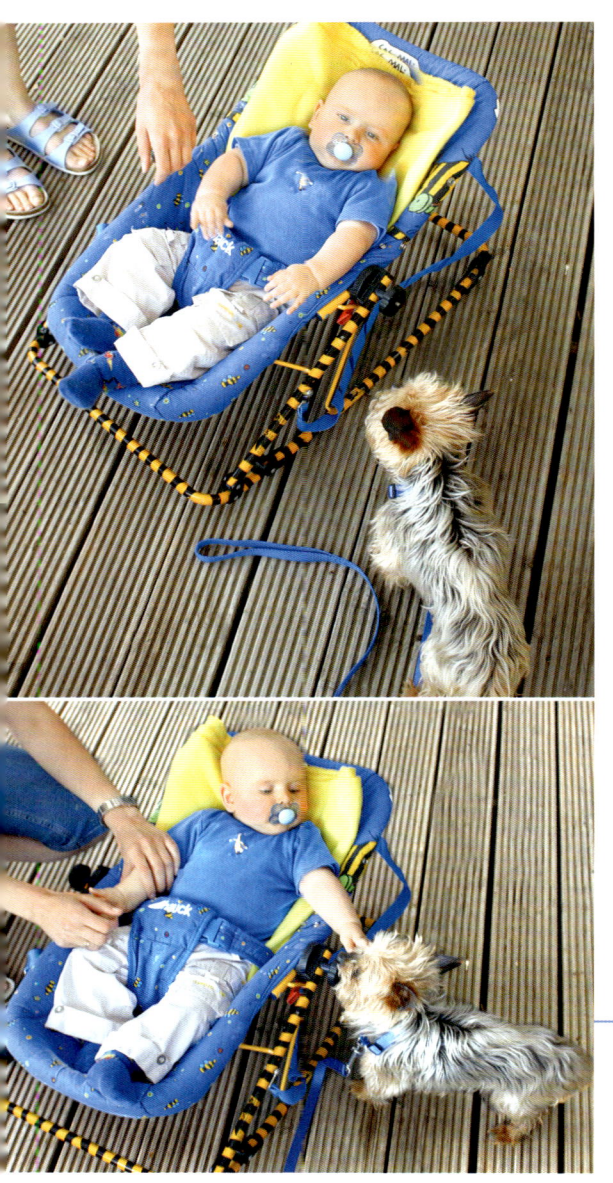

danach richten. Sie signalisieren ihm, dass Sie die Situation im Griff haben. Zudem bekommt er Aufmerksamkeit und ein Zugehörigkeitsgefühl.

Wie reagiert der Hund? Beobachten Sie Ihren Hund genau, denn in dieser Phase ist es besonders wichtig, Anzeichen für eine Verhaltensänderung bei Ihrem Vierbeiner zu erkennen. Je besser Sie die Körpersprache Ihres Hundes deuten können, desto genauer wissen Sie, wie Sie reagieren müssen.

› Ist Ihr Hund freudig oder aufmerksam? Loben Sie ihn, wenn er sich freut und entspannt ist.

› Reagiert er ängstlich, dann wiederholen Sie noch einige Situationen, in denen er Kontakt zu Ihrem Kind aufnehmen kann. Verschwindet die Angst zugunsten eines freudigen Verhaltens? Bestehen weiterhin Schwierigkeiten, legen Sie eine »Leckerchenfährte« in Richtung Baby. Ihr Hund kann sich langsam annähern, gleichzeitig vermitteln Sie eine gute Stimmung und besetzen das Kind positiv, da es etwas zum Fressen gibt. Zwingen Sie den Hund nicht und setzen Sie ihn zeitlich nicht unter Druck.

› Reagiert der Hund aggressiv (→ Tipp Seite 23).

Weitere Kontaktaufnahme Lassen Sie Ihren Hund auch an Ihrem Baby schnuppern, wenn Sie das Kind auf dem Arm halten. Dadurch bekommt er die ersten zaghaften Bewegungen des Säuglings mit. Diese sind viel unkoordinierter als bei einem Erwachsenen. Das muss Ihr Hund erst einmal lernen. Er hört die ersten Laute des Babys und nimmt seine Atmung, vielleicht sogar das erste Geschrei

Sie haben Glück: Ihr Hund ist neugierig auf das Baby und möchte es kennenlernen.

Lassen Sie ihn das Baby beschnuppern. Danach hat sich der Vierbeiner ein dickes Lob verdient.

wahr. Für Hunde sind hohe Frequenzen unangenehmer als für uns. Auch mein Hund musste sich an die Tonlage meiner Tochter gewöhnen. Beide haben die ersten Wochen synchron gejault.

Für ruhiges Umfeld sorgen Lassen Sie die erste Begegnung zwischen Hund und Kind ohne Bekannte stattfinden. Die Situation sollte entspannt sein, Sie und Ihre Familie sollten sich wohlfühlen. Meist ist es so, dass die gut gemeinten Ratschläge in solch angespannten Situationen missverstanden werden bzw. Sie in Ihrem Handeln verunsichern.

Anleinen oder nicht?

Sie sollten auf Ihren Hund immer Zugriff haben, wenn er in der Nähe des Kindes ist. Üben Sie aber keinen Druck auf ihn aus. Ihre eventuelle Nervosität würde sich auf ihn übertragen. Eine Möglichkeit ist, dass Ihr Hund ein Halsband trägt. Wenn Sie daran noch eine leichte(!), dünne Leine befestigen, können Sie Ihren Hund ohne direkten Handkontakt in die gewünschte Position korrigieren. Sie sollten die Leine aber nicht festhalten. Lässt er sich nicht abrufen, ziehen Sie ihn damit vorsichtig, aber bestimmt vom Kind weg und zu sich hin. Loben Sie ihn, sobald er auf Sie schaut. Würde Ihr Hund kein Halsband tragen, müssten Sie ihm ins Fell greifen, um ihn wegzuziehen. Das kann in angespannten Situationen schmerzhaft sein und ihn in Panik versetzen.

Die Windel aus dem Krankenhaus

Mittlerweile ist es zu einem schönen Brauch geworden, dass viele frisch gebackene Eltern aus dem Krankenhaus die ersten gefüllten Windeln, getragene Strampler und Höschen mitbringen und diese Utensilien anschließend ins Hundekörbchen legen. Dadurch kann sich der Hund bereits im Vorfeld an den Babygeruch gewöhnen.

Richten Sie im Kinderzimmer in einer Ecke für Ihren Hund eine Liegestelle ein, von wo aus er alles mitverfolgen kann. Dadurch integrieren Sie ihn.

Aggressiver Hund – was tun?

Wenn der Hund beim ersten Kontakt mit dem Baby aggressiv reagiert, müssen Sie sofort die Weichen für richtiges Verhalten stellen.

RICHTIG REAGIEREN Knurrt der Hund das Baby aggressiv an, dann bekommt er sofort ein deutliches Signal, um sein Verhalten zu unterbinden. Wenn nötig, trennen Sie Hund und Baby. Stellen Sie sicher, dass Ihr Hund niemals ohne Sie Zugang zu Ihrem Kind hat.

VORSORGEN Besprechen Sie die Situation sofort mit einem Hundetrainer. Dies gilt auch, wenn sich Fragen und Unsicherheiten einstellen. Warten Sie nicht zu lange. Die Sicherheit Ihrer Familie hat Priorität. Vorbeugen ist besser als Nachsorge.

Den Hund sinnvoll beschäftigen

Beziehen Sie Ihren Hund ab jetzt immer mit ein, indem Sie ihm etwas zu tun geben. Sie werden sehen, wie viel Spaß Ihr Vierbeiner an seinem neuen Job haben wird.

Dem Hund Aufgaben zuteilen

Dadurch erleichtern Sie sich den Alltag, und Aufgaben integrieren den Hund ohne Weiteres im Ablauf. Er ist dabei, wird gebraucht, gelobt und hat Spaß. Ich möchte das an einem Beispiel darstellen:

Windel vom Wickeltisch zum Mülleimer tragen

Dazu müssen Sie den Hund als Erstes mit der Windel vertraut machen. Spielen Sie damit. Sobald er die Windel mit seiner Schnauze aufnimmt, sagen Sie als Signalwort etwa »Nimm«. Loben Sie ihn. Bei korrektem Timing (→ Seite 8) wird er nach mehreren Wiederholungen »Nimm« mit dem Aufheben der Windel verknüpfen. Auf das Signal »Aus« sollte er diese wieder loslassen. Wenn Sie nun »Nimm« und »Aus« antrainiert haben, können Sie die Abstände dazwischen beliebig verlängern, denn Ihr Hund hat gelernt, die Windel erst auf das Signal »Aus« wieder freizugeben. Der nächste Schritt ist, dass Sie ihn mit Windel vom Wickeltisch zum Mülleimer führen. Dort bekommt er dann das Freigabewort und jede Menge Lob. Das Ziel ist immer das Gleiche, nämlich der Mülleimer. Das speichert der Hund nach einigen Wiederholungen, dann können Sie ihn auch allein mit einem Signal, etwa »Windel wegbringen«, selbstständig schicken.

Als zusätzlichen Anreiz können Sie Ihrem Hund beibringen, einen Tretmülleimer selbst zu öffnen.

Aufgaben mit Clicker einstudieren

Diese Übungen und viele andere lassen sich gut mit einem Clicker antrainieren (→ Fotos rechts). Er funktioniert ähnlich einem Knackfrosch. Für den Hund ist das Click-Geräusch erst einmal neutral. Um effektiv mit dem Clicker arbeiten zu können, müssen Sie nun für den Hund einen positiven Bezug zum Clicker herstellen. Der Hund wird so darauf trainiert, dass er weiß, wenn der Click ertönt, gibt es eine Belohnung. Der Click wird für den Hund zu dem Versprechen, dass danach immer ein Leckerchen folgt. Der neutrale Reiz (der Clicker an sich) wird zu einem sogenannten sekundären Verstärker.

Erster Schritt Ihre Aufgabe besteht nun darin, den Hund clickerfit zu machen. Das heißt, Sie stellen genau diesen Bezug her. Beginnen Sie das Training, wenn Sie und Ihr Hund entspannt sind. Geben

Hausarbeit leicht gemacht: Lassen Sie sich von Ihrem Hund zu Hause unterstützen. Richtig motiviert bedeutet das Spaß und Auslastung für ihn.

Sie ihm kein Signal, sodass er nichts ausführen muss. Clicken Sie und geben Sie ihm unmittelbar im Anschluss das Leckerchen. Halten Sie dieses auch direkt schon in der Hand, denn der Hund kann den Click nur mit einem Leckerchen verknüpfen, wenn es in Sekundenschnelle nach dem »Click« in seiner Schnauze landet. »Click und Leckerchen« gehören immer zusammen! Wiederholen Sie diese Übung mehrfach am Tag. Für den Hund eine tolle Übung, er muss (noch) nichts tun, einzig nur »verstehen«, dass nach einem bestimmten Geräusch Leckerchen geflogen kommen.

Diese Übung sollten Sie so oft wiederholen, bis er es zu 100 Prozent verstanden hat. Das können Sie überprüfen, indem Sie einfach einen »Click« setzen – vergessen Sie das Leckerchen nicht – und seine

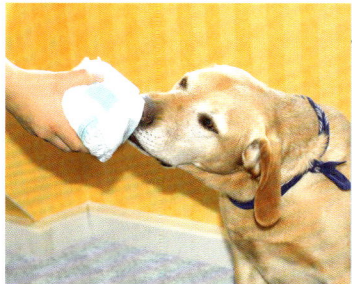

1. SCHRITT Riecht der Hund an der Windel, bestätigen Sie diesen Schritt in die richtige Richtung durch »Click + Leckerchen«. Hat er verknüpft, dass nach dem »Click« eine Belohnung folgt, steigert dies seine Motivation und er wird Ihnen weitere Verhaltensmuster anbieten, um an Leckerchen zu kommen. Clickern Sie aber nur Schritte, die sich Ihrem Ziel nähern.

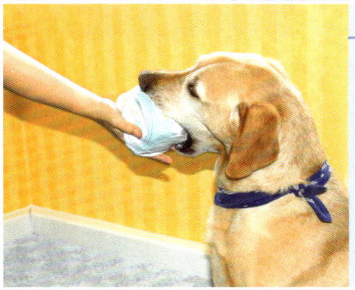

2. SCHRITT Belohnen Sie ihn durch »Click + Leckerchen«, wenn er die Windel mit der Schnauze aufnimmt. Er wird sie zwar schnell wieder fallen lassen, da er das Leckerchen haben möchte, aber er wird die Windel auch beim nächsten Versuch schneller aufnehmen, da er mit dieser Handlung Erfolg hatte. So formen Sie gewünschtes Verhalten und sichern jeden richtigen Schritt ab.

3. SCHRITT Beherrscht Ihr Hund diese Einzelschritte, kommt die nächste Stufe: Die Windel soll zum Mülleimer. Unterstützen Sie Ihren Hund, indem Sie den Mülleimer erst einmal direkt vor seine Nase stellen. Berührt er ihn, clickern Sie. Hat er diesen Bezug verstanden, können Sie den Mülleimer allmählich wieder an seinen Platz zurückstellen. Der Hund wird ihn schnell aufsuchen.

Reaktion abwarten. Nimmt er diesen »Click« nicht richtig wahr, wiederholen Sie oben beschriebenen Schritt noch ein paar Tage länger. Ist die Aufmerksamkeit unmittelbar bei Ihnen und er fordert seine Belohnung, hat er es verstanden. Ab nun ist der Clicker nicht mehr neutral, sondern ein sogenannter sekundär positiver Verstärker. Sekundär, da ein zuvor neutraler Reiz über einen direkten Verstärker, das Leckerchen, einen Bezug bekommen hat.

Zweiter Schritt Sobald Sie den Clicker in der Hand halten, möchte Ihr Hund, dass Sie ihn betätigen. Da Sie mit einem Clicker stumm arbeiten, weiß er nicht genau, was er tun muss, damit der lang ersehnte Click und die Belohnung folgen. Er wird Ihnen nach einiger Zeit ein Verhalten anbieten. Anfangs wird jedes zufällige Verhalten, welches zu Ihrem Ziel führt, etwa die Windel mit der Schnauze aufnehmen, geclickert und ein Leckerchen folgt. Mit steigendem Lernerfolg wird immer der nächste

richtige Schritt geclickert, den Ihr Hund anbietet und der zu Ihrem Ziel führt. Sobald der Hund ein Verhalten sicher beherrscht, können Sie auch ein verbales Signal einsetzen. Hören Sie immer mit einem Erfolgserlebnis für den Hund auf.

Wie der Hund noch helfen kann

Er kann Gegenstände wegräumen. Erhöhen Sie den Schwierigkeitsgrad, indem er diese in unterschiedliche Aufbewahrungen tragen soll, etwa den Ball in die Kiste oder das Buch ins Regal. Er kann Ihnen auch beim Aufräumen des Kinderzimmers helfen. Wählen Sie für jede Aufgabe ein anderes Signal. Als weitere Alternative kann der Hund die Wäsche des Babys in den Wäschekorb tragen. Hier können Sie ihm sogar durch entsprechende Zeichen (zum Beispiel rechts und links) beibringen, dass er die Wäschestücke nach Ihren Wünschen sortiert. Sie können diese Übungen auch wie auf Seite 24 beschrieben mit einem Clicker antrainieren.

Wichtig Vergessen Sie bei allem Eifer Ihres Hundes nicht, ihn zu loben und mit ihm zu spielen, denn die Übungen müssen ihm Spaß machen. Auch Ruhephasen sind wichtig, da die »Mithilfe« eine hohe geistige Auslastung für den Hund bedeutet. Deshalb sollten Sie höchstens fünf bis zehn Minuten pro Übungseinheit trainieren. Lassen Sie zusätzlich die Tage mit dem abendlichen Belohnungsritual ausklingen, das Sie bereits während der Schwangerschaft eingeführt hatten (→ Seite 17).

Das Kind in den Hundealltag einbeziehen

Bringen Sie nicht nur den Hund in das Alltagsgeschehen mit ein, sondern involvieren Sie auch Ihr Kind in den Hunderhythmus. Ab welchem Alter die

Mit geeignetem Spielzeug können Sie Ihren Hund trotz Kinderwagen ablenken und beschäftigen.

Übungen für ein Kind geeignet sind, lässt sich nur individuell entscheiden (→ auch Seite 38). Größe, Kraft und Verständnis für den Hund und die jeweilige Situation sollten mit eine Rolle spielen. Auch die generelle Bereitschaft eines Kindes ist wichtig. Lassen Sie es mit dabei sein, wenn Sie das Hundefutter zubereiten und Ihrem Hund den Napf hinstellen. Es soll natürlich nicht direkt Kontakt zum fressenden Hund haben, da dieser womöglich sein Futter verteidigt. Schließlich befindet es sich ja auf Augenhöhe des Hundes! Ihr Kind soll einfach nur mit dabei sein, sodass dies für den Hund Alltag wird und es keine besondere Aufmerksamkeit erfordert, wenn jemand um den Napf herumkrabbelt. Bleiben Sie aber aufmerksam! Lassen Sie auch hier die beiden nie unkontrolliert zusammen.

So geht's Gewöhnen Sie Ihren Hund allmählich daran. Halten Sie Ihr Kind erst auf dem Arm und schauen aus der Ferne dem fressenden Hund zu. Dann gehen Sie immer näher an ihn heran, sodass Sie sich anschließend ganz normal in Ihrer Küche aufhalten können. Der Hund sollte ruhig und entspannt weiterfressen. Als nächstes kann das Kind an Ihrer Hand mitgehen. Kurze Sequenzen von einigen Sekunden reichen, um den Hund nicht unnötig zu stressen. Viele Wiederholungen bringen Routine. Droht Ihr Hund am Napf Sie oder Ihr Kind an, dann sollten Sie einen guten Hundetrainer kontaktieren. Nicht selten erweitert der Hund diese Drohgebärden auf andere Ressourcen, um auch diese zu verteidigen, wenn er damit Erfolg hat – in diesem Fall wäre Erfolg das Einschüchtern Ihres Kindes.

Beschäftigung unterwegs

Die üblichen Gassi-Runden finden jetzt mit Hund, Kind, Wickeltasche und Kinderwagen statt. Sie werden schon Mühe haben, den Kinderwagen über

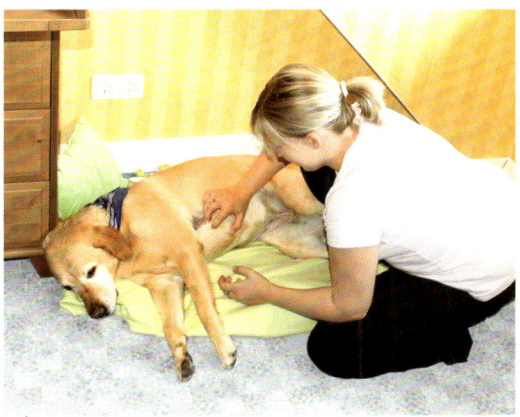

Nach getaner Arbeit belohnen Sie Ihren Hund mit einer entspannenden Massage. Machen Sie ein gemeinsames Ritual daraus.

holprige Kieswege oder bergauf zu schieben, da schwindet die Motivation natürlich gänzlich, sich den Laufspielen des Hundes zu widmen ...
Um dem Hund gerecht zu werden, können Sie Zwischenstopps auf Ihrem Spaziergang einbauen, die Sie für Spiel- oder Übungseinheiten nutzen.

> Apportiert Ihr Hund gern, dann ist in Ihrer Wickeltasche bestimmt noch Platz für einen Dummy. Setzen Sie den Hund ab und werfen Sie den Dummy. Weisen Sie ihn mithilfe Ihrer Körpersprache und einer Richtungsangabe den richtigen Weg.

> Sie können auch eine Leckerchendose verstecken und den Hund mit Ihren genauen Anweisungen auf die richtige Fährte bringen. So zeigen Sie ihm die grobe Richtung, er muss aber dennoch seine eigenen Sinne zum Auffinden einsetzen. Sie beginnen natürlich erst mit kleinen Abständen. Nach Erfolg und Training vergrößern Sie die Distanzen.

› Eine sportliche Alternative stellt das Springen über Baumstämme dar. Dafür ist es allerdings nötig, dass der Hund – wenn möglich schon vor der Schwangerschaft bzw. Geburt des Babys – bereits gelernt hat, auf Distanz zu Ihnen Übungen durchzuführen. So können Sie weitergehen, während Sie den Hund auf Signal zum Springen animieren. Bringen Sie aber dem Hund erst in Ihrer Nähe mithilfe des Signals »Hopp« und Ihrem richtungsweisenden Handzeichen auf den Baumstamm zu das Springen bei. Allmählich vergrößern Sie die Distanz.

› Sogar den Start zum Spaziergang können Sie für eine Übung verwenden: Lassen Sie Ihren Hund davor seine Leine holen. Außerdem können Sie ihm beibringen, dass er sein Halsband oder Geschirr selbst anlegt (→ Seite 40). Genauso kann er lernen, Leine und Halsband wieder wegzuräumen.

Auf die Leinenführigkeit achten Bei allen Unternehmungen draußen mit Vierbeiner und Kind ist es wichtig, dass Ihr Hund entspannt mit durchhängender Leine neben Ihnen läuft. Ist dies nicht der Fall, ist Ihre Trainingsbereitschaft gefragt (→ Seite 11).

Achtung Befestigen Sie die Leine nie am Kinderwagen, und lassen Sie den Hund nie den Wagen ziehen. Die Gefahr, dass der Wagen kippt und das Kind verletzt wird, wenn der Hund plötzlich anzieht, ist viel zu groß. Zudem könnte sich Ihr Hund erschrecken und versuchen zu fliehen.

Spaziergänge mit dem Welpen Einem Welpen sollten Sie von Anfang an beibringen, auf einer bestimmten Seite des Kinderwagens zu laufen. Dadurch verhindern Sie wilde Seitenwechsel und ein Verheddern in der Leine. Natürlich kann der Welpe beide Seiten kennenlernen. Denken Sie aber daran, diese unterschiedlich zu benennen, etwa »Fuß«- und »Hand«-Seite, da dies für den Hund zwei völlig unterschiedliche Übungen sind.

Apportieren ist eine gute Beschäftigungsmöglichkeit für unterwegs. Auch Welpen können bereits ihr Lieblingsspielzeug apportieren.

Hilfe, **der Hund verteidigt**

Was tun, wenn Ihr Hund Ressourcen wie Spielzeug, Futter oder Ähnliches verteidigt?

SPIELZEUG WEGSPERREN Spielzeug darf ihm nicht zur freien Verfügung stehen. Holen Sie sein Spielzeug zum bewussten Spiel-Training mit Ihnen heraus. Sie vermeiden dadurch auch unkontrollierten Zugriff des Kindes auf das Hundespielzeug.

SIGNAL »AUS« Bringen Sie Ihrem Hund das Signal »Aus« sicher bei. So haben Sie jederzeit Zugriff, auch aus der Distanz heraus. Der Hund lässt das Spielzeug los, Sie können es wieder entfernen.

VERTRAUENSBILDENDE ÜBUNGEN Dazu zählt etwa die Handfütterung (→ Seite 30). Sie schafft vor allem Vertrauen zur Hand an sich.

Vertrauen – Bindung – Rangordnung

Damit Ihr Hund eine gute Bindung zu Ihnen aufbauen kann, braucht er Vertrauen. Dieses wächst durch konsequente und positiv verstärkende Erziehung und eine sichere Position in der Familienstruktur. Glücklicherweise wird heute in der Erziehung mehr über positive Verstärkung als über Gewalt gearbeitet. Das bedeutet, dass man versucht, den Hund bestmöglich zu motivieren, denn so lernt er nachweislich leichter. Angst blockiert Lernen und verhindert gleichzeitig den Aufbau von Vertrauen. Vertrauen ist aber in einer Familie eine wichtige Grundlage im Zusammenleben, auch mit dem Vierbeiner.

Dennoch gilt: Vertrauen ist gut …

… Kontrolle ist besser! Auch ich gehöre zu den Hundehaltern, die davon überzeugt sind, dass meine Hunde meinen Kindern und mir unter Normalbedingungen nichts tun würden, weil ich gelernt habe, mit ihnen zu kommunizieren, ihre Körpersprache zu deuten und ihre Charaktere zu akzeptieren. Wir sind ein eingespieltes Team. Dennoch würde ich meine Kinder niemals mit einem meiner Hunde allein lassen. Durch Verlassen des Raumes würde die vertraute Person, die Verantwortung für den Hund und all seine Situationen hat (Voraussetzung ist eine positive Hund-Mensch-Beziehung), plötzlich fehlen. Wer übernimmt nun die Kontrolle? Das könnten in dem Moment sowohl der Hund als auch

Ihr Kind tun wollen. Durch Ihre Abwesenheit lässt sich dies nicht nachvollziehen. Sind Sie gezwungen, beide allein zu lassen, trennen Sie die zwei durch ein Türgitter oder einen Laufstall.
Schon Erwachsenen fällt die Kommunikation mit Hunden schwer, da können sich kleine Kinder erst recht nicht auf einen Hund einstellen und ihn verstehen. Ohne die Hilfe eines Erwachsenen wäre dies ein langwieriger Prozess aus Lernen durch

Beobachten Sie Kind und Hund im gemeinsamen Spiel. Erkennen Sie Missverständnisse im Umgang miteinander, können Sie eingreifen und Gefahren verhindern.

Erfahrung und Irrtum, der schmerzhaft enden könnte. Das sind die Momente, in denen die Gefahr von (Biss-)Verletzungen steigt – aber nicht, weil Sie aus heiterem Himmel plötzlich einen aggressiven Hund haben, sondern weil Kind und Hund missverständlich kommunizieren.

Bindung durch Vertrauen

Eine gute Bindung ist wichtig. Einerseits sollte sie so eng sein, dass Ihr Hund weiß, dass Sie die Kontrolle und Verantwortung in allen Situationen haben und er sich trotz Neuzugang entspannen kann und sich um nichts selbst kümmern muss. Andererseits darf die Bindung nicht zu eng sein, damit Ihr Hund nicht eifersüchtig wird, weil Ihr Junior Ihr neuer Mittelpunkt ist. Eine stabile Bindung zwischen Ihrem Hund und den jeweils einzelnen Familienmitgliedern unterstützt ein harmonisches Miteinander. Der Hund bindet sich über Vertrauen am besten an sein Rudel. Jedem Familienmitglied schenkt er individuelles Vertrauen, je nach gemachter Erfahrung mit dieser Person.

Eine weitere Übung, die das Vertrauen und die Bindung stärkt, ist die Handfütterung. Dazu nehmen Sie die tägliche Futterration mit auf den Spaziergang und verfüttern diese direkt aus Ihrer Hand. Ihr Hund muss dazu noch nicht einmal eine Übung machen, sondern einfach nur Ihre Nähe suchen.

Bindung beim Welpen Ein seriöser Züchter legt viel Wert auf eine gute Sozialisierung, indem er dem Welpen verschiedenste Reize bietet, etwa Kinder unterschiedlichen Alters, andere Hunde, Menschenmengen oder Lärm. Alle Reize sollten so dosiert werden, dass der Welpe sie nur als positiv kennenlernt. Beim Züchter bleibt der Welpe mindestens bis zur achten Lebenswoche. Nach der Übernahme vom Züchter sind Sie dafür verantwortlich, dem Welpen die Welt zu zeigen und an einer guten Bindung zu Ihnen zu arbeiten. Gemeinsame Spiel- und Schmusestunden, Erziehung sowie Bindungsspaziergänge fördern diesen Prozess.

Rangordnung

Sie klingt nach strenger Disziplinierung, bei der der Hund in eine Position in der Familie gedrückt wird. Sie werden feststellen, dass sich ein gesunder Hund durch liebevolle und konsequente Erziehung, mit deren Hilfe er Vertrauen und eine gute Bindung zu Ihnen aufbauen kann, ganz automatisch in einer Position in Ihrer Familienstruktur einfindet, in der er sich sicher fühlt. Das bedeutet, dass er sich Ihnen unterordnen wird, sobald Sie ihm Sicherheit in seinem Sinne geben können. Ihr Kleinkind kann das natürlich noch nicht und wird daher »nur« als Rudelkumpan angesehen.

Der Hund, sein bester Freund – so sollte es sein. Unterstützen Sie Ihr Kind, Bindung aufzubauen.

Achtung, das Kind wird mobil

Sobald Ihr Baby zu krabbeln beginnt und die ersten Schritte wagt, werden Sie merken, wie erfinderisch Ihr Kind ist, wenn es darum geht, neue Ufer zu entdecken. Auch Ihren Hund! Hierbei gilt besondere Vorsicht. Ihr Kind wird versuchen, den Vierbeiner im wahrsten Sinn des Wortes zu (be-)greifen. Für Ihren Hund eine oftmals schmerzvolle Erfahrung.

Richtiger Umgang mit dem Hund

Achten Sie darauf, dass der Hund nur gute Erfahrung mit Ihrem Kind macht, indem Sie dem Kind von Anfang an zeigen, wie es den Hund richtig streichelt und dass es ihn nicht kneifen, schubsen oder treten darf. Ihr Baby wird – genauso wie Ihr Vierbeiner – durch Ihre Konsequenz schnell lernen, was erlaubt ist. Dazu sollten Sie selbst erst testen, an welchen Körperteilen sich der Hund bereitwillig anfassen lässt und an welchen nicht. Solche sensibler Stellen sind Tabubereiche, die Ihr Kind kennenlernen muss, damit beide keine schlechten Erfahrungen machen.

Ruhezonen akzeptieren Hat Ihr Hund einen Ruheplatz, sollten Sie ihn dort vor Ihrem Kind schützen. Der Platz ist wichtig, damit sich der Hund allein zur Ruhe zurückziehen und Stress abbauen kann. Stressanzeichen sind beispielsweise starkes Hecheln, ein ausgefahrener Penis oder angebliche »Sturheit«, wenn er Signale nicht ausführt. Damit reagiert der Hund auf Umweltreize, die er nicht kennt, etwa ein krabbelndes Kind.

Bitte nicht anstarren Neu für den Hund ist, dass sich das Kind auf Augenhöhe mit ihm befindet. Der

1 SPIEL MIT MIR Das Kind hat gelernt, dass es den Hund nicht bedrängen darf. Ein solch entspannter Anblick von Kind und Hund sollte Ihr Ziel sein.

2 MEINER ODER DEINER Auch wenn sich Ihr Kind und der Hund den Ball friedlich teilen, dürfen Sie die beiden nicht allein lassen. Einer von ihnen könnte übermütig werden.

3 STARR MICH NICHT AN Achten Sie darauf, dass das Kind den Hund nicht anstarrt. Der Vierbeiner könnte dies als Bedrohung empfinden.

Hund könnte sich angestarrt und dadurch bedroht fühlen, auch wenn das Kind nur ein »Hundeküsschen« verteilen möchte. Ein Missverständnis, das fatale Folgen haben könnte. Greifen Sie ein, sobald Sie bemerken, dass Ihr Kind den Hund anstarrt, und erklären Sie von Anfang an, dass Hunde das nicht mögen. Mit meinen Kindern übe ich das, indem ich ein kleines Spiel daraus mache und wir uns gegenseitig bewusst lange in die Augen sehen. Auch die Kleinsten fühlen, dass es unangenehm ist. Das Gespür, das Hundegefühl zu verstehen, fördert das Verständnis zwischen den beiden.

Spontan-Attacken des Kindes Die Körperbewegungen Ihres Kindes sind noch recht unkoordiniert. Auch wird es hin und wieder über den Hund stolpern. Solche Spontan-Attacken gehören zum Alltag. Daran muss sich der Hund gewöhnen, im besten Fall reagiert er entspannt. Vorbereiten können Sie ihn darauf natürlich relativ schwer, dennoch sollten Sie ihn in Schrecksekunden beobachten, wenn Gegenstände neben ihm herunterfallen oder Sie ihn einfach »spontan« anfassen.

Meins – deins – unsers Theoretisch ist es ganz einfach. Es gibt Hundespielzeug und Kinderspielzeug. In der Praxis fliegt das Kinderspielzeug jedoch im Körbchen herum und die Quietscheente des Hundes liegt im Kinderzimmer. Stellen Sie neue Regeln auf. Das Hundespielzeug liegt in einer Box, die jedoch nicht im Kinderzimmer gelagert werden sollte. Weder Kind noch Hund haben freien Zugang dazu – so steckt Ihr Kind die Hundesachen auch nicht in den Mund. Zusätzlich entschärfen Sie durch die räumliche Trennung gefährliche Situationen, falls Ihr Hund sein Spielzeug verteidigt. Außerdem lernt Ihr Hund, dass ihm aufgrund Ihrer Spielaufforderung mit seinem Spielzeug Aufmerksamkeit entgegengebracht wird. Das wird er genießen. Er wird sicherlich auch versuchen, Ihre Aufmerksamkeit zu bekommen, indem er Ihnen das Spielzeug Ihres Kindes bringt (seines liegt ja in einer Box). Ignorieren Sie dies. Der Hund kann anhand der Erfolgsquote unterscheiden, dass er nur mit dem Spielzeug, das Sie selbst austeilen, Ihre Aufmerksamkeit bekommt, und er wird das Kinderspielzeug mit der Zeit ignorieren.

Ein Hund gibt Halt. Passen Sie aber auf, dass Ihr Kind den Hund nicht zu sehr bedrängt.

Kleinkind – Schulkind – Pubertät

Während ihrer Entwicklung zu einem erwachsenen Menschen durchlaufen Kinder verschiedene Stadien, die sich in unterschiedlichem Verhalten äußern. Dies sind ganz normale Reifungsprozesse. Auch Ihr Hund reagiert auf diese Veränderungen.

Kleinkind

Von Kleinkindern spricht man, wenn sie anfangen zu laufen, zu sprechen und voller Neugier die Welt zu erkunden. Sie sind in ihren Handlungen recht unbedarft, da sie zum einen noch keine negativen Erfahrungen gemacht haben – Sie als Eltern tun ja alles, um Ihr Kind zu schützen –, zum anderen zeigen Kleinkinder relativ wenig Angstverhalten gegenüber Neuem. Sie sind schnell in ihren Reaktionen und oft unberechenbar. Keiner weiß, was sie als Nächstes tun werden. Das birgt häufig große Gefahren. Dagegen sind sich Erwachsene der Gefahren bewusst. Ein Beispiel: Erwachsene würden einem Hund niemals ins Auge fassen, weil sie wissen, dass es dem Hund wehtut, gefährlich für ihn ist und er sich wehren könnte. Kleinkinder wissen das nicht und fassen gern Richtung Auge.

Reaktion des Hundes Häufig hören Sie in diesem Zusammenhang, dass man froh ist, wenn der Hund eine hohe Reizschwelle hat. Das heißt, er zeigt eine große Toleranz gegenüber Kinderfingern und so manchem Piesacken und lässt sich nicht so schnell aus der Ruhe bringen. Wäre die Reizschwelle niedrig, kann es schnell zu Situationen kommen, die für das Kind gefährlich sind.

Zudem sind Kleinkinder allen Hunden kräftemäßig unterlegen und haben in Konfliktsituationen keinerlei Chance gegenüber dem Vierbeiner. Deshalb möchte ich an dieser Stelle noch einmal darauf hinweisen, wie wichtig es ist, dass Sie Kind und Hund niemals miteinander allein lassen!

Schulkind

Kommt Ihr Kind in das Grundschulalter, entwickelt sich der Hund oft zu seinem vertrauten Freund. Er ist immer für Ihr Kind da und stärkt häufig sein Selbstbewusstsein. Meistens fängt in diesem Alter das erste bewusste Arbeiten mit dem Hund an. Das heißt, das Kind übernimmt die ersten regelmäßigen Aufgaben wie Pflegemaßnahmen oder Füttern, und

---

Der richtige **Hund für die Familie**

Ich kann Ihnen keine Rassen nennen, die sich für einen Kinderhaushalt eignen. Dies hängt von den individuellen Erfahrungen ab, die der Hund mit Kindern macht, und ob die zukünftigen Hundebesitzer bereits Hundekenntnisse haben.

INFOS SAMMELN Schreiben Sie alle Ihre Wünsche auf einen Zettel. Notieren Sie auf einem anderen alle Eigenschaften, die der Hund auf gar keinen Fall haben sollte. Listen Sie dann die Charaktereigenschaften Ihrer Familie auf, wie viel Zeit Sie täglich für den Hund haben und wie Sie sich das Familienleben mit Hund vorstellen.

RASSE WÄHLEN Vergleichen Sie Ihre Infos mit Angaben zu Rassen in Büchern, Zeitschriften oder bei Hundevereinen. Sind Sie unsicher, holen Sie sich Hilfe bei erfahrenen Hundetrainern.

Eine unbeschwerte Zeit. Die Kinder spielen ausgelassen mit dem Hund. Solche Spielphasen sind sowohl für den Hund als auch für Ihre Kinder wichtig. Alle lernen viel voneinander. Sie zeigen sich dabei Grenzen auf, lernen einander zu respektieren und bauen Vertrauen und Bindung auf.

es experimentiert ein wenig spielerisch mit dem Hund. Viele Kinder gehen dann auch zusammen mit den Eltern in die Hundeschule. Hier lernen sie im kontrollierten Umfeld mit dem Hundetrainer und den Eltern den richtigen Umgang. Und die Eltern erfahren, wo die Grenzen des Kindes liegen und können sich vom Trainer Tipps geben lassen, wie sie in Konfliktsituationen reagieren sollten. Der Hund zieht als Teampartner großen Nutzen daraus, da er von Ihrem Kind richtig behandelt wird.

Pubertät

Beim Übergang in die Pubertät verändert sich wieder einiges. Wie zu Beginn Ihrer Schwangerschaft nimmt Ihr Hund die hormonellen Veränderungen bei Ihrem Kind wahr – übrigens auch wieder eher, als Sie es vielleicht merken werden. Durch dieses hormonelle Ungleichgewicht verändert sich für den Hund die bisherige Beziehung zu Ihrem Kind. Es wird erwachsen, reifer und kann in der Familienstruktur einen eigenen Platz einnehmen. Es wird von den Eltern nicht mehr so vor dem Hund geschützt, sondern kann sich gegenüber dem Hund allein durchsetzen. Der Jugendliche baut eine neue bzw. andere Bindung zum Hund auf.

Reaktion des Hundes Diese Veränderung kann im Hund zu »Konkurrenz«-Gedanken führen. Viele Eltern wundern sich, weshalb er in manchen Fällen aggressiv gegenüber dem Kind reagiert, obwohl es in den letzten Jahren nie ein Problem zwischen den beiden gab. Hier sollten Sie an die Hormone denken. Lässt sich die Situation nicht entspannen, rate ich Ihnen, einen guten Hundetrainer zu engagieren, der Ihnen wertvolle Tipps geben kann und mit Ihnen ein Training in dieser Zeit gestalten kann. Er wird sich ein Bild von der Gesamtsituation in der Familie machen, die Beziehung zu jedem einzelnen Familienmitglied unter die Lupe nehmen und einen Trainingsplan für die Familie erstellen. Dadurch wird für den Jugendlichen der Umgang mit dem Hund wieder einfacher bzw. auf den Ursprungszustand zurückgefahren.

Aber auch die Stimmungsschwankungen und das pubertäre Verhalten in dieser Zeit, etwa das Handeln aus der Tageslaune heraus, können den Hund verunsichern. Teilen Sie das Ihren Kindern mit, wenn Sie feststellen, dass der Hund negativ auf die Veränderungen reagiert. Trotz vieler Interessensverschiebungen in der Pubertät – häufig rückt der Hund mal in den Hintergrund für die erste Freundin oder den ersten Freund – bleibt Ihr Hund für Ihr Kind immer der gleiche treue Partner. Interessanterweise gehen pubertierende Kinder zwar häufig launisch mit den engsten Freunden und mit Familienmitgliedern um, reagieren aber dennoch freundlich auf ihren Hund. In ihm sehen sie auch in dieser schwierigen Phase einen Freund, dem sie jederzeit alles anvertrauen können.

Entwicklung **Hund – Kind**

Kind und Hund durchlaufen verschiedene Entwicklungsstufen, die sich entsprechen.

WELPENZEIT Ihr entspricht das Kleinkindalter. Unkoordinierte Bewegungen, Neugier, hohe Lernfähigkeit und wenig Angst – diese wächst nämlich erst langsam ab der zwölften Woche – spiegeln sich auch beim Welpen wider.

ÜBERGANGSPHASE Sie folgt auf die Welpenzeit. Vergleichbar ist sie mit dem Schulkind-Sein. Zu diesem Zeitpunkt werden die ersten Grundgehorsamsübungen gefestigt und auf dem Gelernten aufgebaut. Es ist eine schöne Phase zum Lernen, da der Hund gut mitarbeitet und aufmerksam ist. Auch Kinder in der Grundschulphase sind in den meisten Fällen sehr umgänglich und lernbereit.

PUBERTÄT Sie wird umgangssprachlich auch gern als »Rockerphase« bezeichnet. Je nach Rasse liegt sie zwischen dem sechsten und zehnten Monat. Die Hunde reagieren jetzt ähnlich wie pubertierende Kinder, sie schalten gern bei gegebenen Signalen auf Durchzug. Sie mögen das Gefühl verspüren, als wären Sie mit Ihrem Hund niemals in einer Hundeschule gewesen. Ich kann Sie beruhigen, die Zeit geht wie auch bei uns Menschen vorbei. Außerdem stellen sich Hormone ein und die Hunde werden geschlechtsreif.

ERWACHSENER HUND Nach gut eineinhalb bis zwei Jahren ist der Hund körperlich und geistig ausgewachsen. Diese Zeit lässt sich mit jungen Erwachsenen Anfang zwanzig vergleichen. Zu diesem Zeitpunkt durchläuft der Hund noch einmal eine zweite »Sturm-und-Drang-Phase«, in der er wie in der Pubertät reagiert. Die gute Nachricht ist, dass die zweite Pubertät schneller vorbeigeht als die erste.

Wie Kind und Hund kommunizieren

Kinder sprechen viel mit ihrem Hund. Haben sie großes Vertrauen zu ihm, wird er manche Sorgen des Kindes eher zu hören bekommen als Sie. Die Schamgrenze, einem Hund etwas mitzuteilen, ist häufig kleiner als Erwachsenen gegenüber. Lassen Sie zu, dass Ihr Kind ein Vertrauen aufbaut. In der Kommunikation können aber auch Fallen stecken:

Zu laute Sprache Das Kind kann zu laut mit dem Hund sprechen. Das ist für Hunde unangenehm, denn sie hören bedeutend besser als wir.

Abhilfe Flüstern Sie in ruhiger Tonlage etwa »Sitz« oder »Platz«. Das Kind wird sehen, dass der Hund

die Signale trotzdem richtig ausführt. Häufig fällt dieses Verständnis und das gleichzeitige »Erforschen« der Hundeohren Kindern leichter als theoretische Erklärungen. Lassen Sie Ihr Kind selbst den Hund ins »Sitz« bringen – aber nur durch Gestik, ohne ein gesprochenes Wort. Das funktioniert natürlich nur, wenn der Hund Sichzeichen kennt. Doch sind Sie nicht ungeduldig mit Ihrem Kind. Auch wenn es weiß, dass der Hund Flüstertöne versteht, kann es in Alltagssituationen vor lauter Freude diese Ratschläge über Bord werfen.

Übertriebene Kontaktsuche Manche Kinder klammern sehr stark und verteilen Hundeküsschen eng umschlungen, um dem Hund zu sagen, wie sehr sie ihn mögen. Das stresst den Hund, denn er kann sich nicht zurückziehen.

Abhilfe Trennen Sie die beiden und zeigen Sie dem Kind, wie es richtig Kontakt aufnimmt, damit der Hund die Schmuseeinheiten auch tatsächlich so genießen kann, wie Ihr Kind diese gedacht hatte. Der Hund soll von sich aus Kontakt aufnehmen. Ihr Kind kann langsam die Hand ausstrecken und den Hund daran schnuppern lassen. Ist der Hund entspannt, können Sie auf seinen freudig wedelnden Schwanz und den entspannten Hundekörper hinweisen, wie auch auf sein anliegendes Fell und die ebenfalls anliegenden Lefzen. Erklären Sie aber auch, dass ein »wedelnder« Schwanz nicht automatisch Freude heißt, sondern nur ein Zeichen für den

Beobachten Sie Ihr Kind, während es mit dem Hund trainiert und spielt. Wird das Spiel zu wild, sollten Sie beide trennen.

Bedrängt der Hund Ihr Kind, sollte es ihm den Rücken zudrehen, ihn nicht ansehen und ruhig bleiben. Dadurch verliert der Hund das Interesse.

Bei einem stürmischen Hund muss das Kind schon mal aktiver werden, um sich zu schützen. Hier hilft die ausgestreckte Hand, um Distanz zu halten.

inneren Erregungszustand des Hundes ist; daher sollten Sie die gesamte Körpersprache ansehen.

Zu wenig Körpersprache Ihr Hund achtet stark auf Ihren und der Körper Ihres Kindes. Er zieht die Körpersprache dem Gesprochenen immer vor. Kinder gestikulieren häufig stärker als Erwachsene und zeigen unbewusst für den Hund keine eindeutige Körperhaltung. Das irritiert den Hund. Eine Ausnahme stellt das Training dar. Hier konzentriert sich das Kind mitunter auf sich selbst und seinen eigenen Körper. Dies ist mit ein Grund, warum Trainingssequenzen so erfolgreich sind.

Abhilfe Spielen Sie Pantomime mit Ihrem Kind. Dabei sollte es sich in die Lage des Hundes versetzen und erraten, was Sie von ihm wollen. Sie dürfen nur Ihren Körper benutzen und nicht sprechen. Dieses »Spiel« wird sicherlich hängen bleiben.

Wie Kinder auf den Hund reagieren

Es gibt verschiedene Charaktertypen bei Kindern, auf die Sie unterschiedlich eingehen müssen.

Das ängstliche Kind Zwingen Sie Ihr Kind nicht, Kontakt mit dem Hund oder Welpen aufzunehmen. Angst blockiert Lernerfolge, und positive Erfahrungen bleiben aus. Im Gegenteil, Panik kann sich einstellen. Da der Hund immer da ist, wird das Kind die Unsicherheit nach einer Weile ablegen. Dennoch sollten Sie eine Bindung zwischen beiden fördern: Kinder zeigen nicht jeden Tag die gleiche Verfassung, das heißt, dass auch schüchterne Kinder mutige Tage haben. Diese können Sie für kurze Trainingssequenzen nutzen und zum Beispiel versuchen, langsam das weiche Fell des Hundes zu ertasten. Erzählen Sie Ihrem Kind etwas über das Fell, dass es den Hund schützt und dass es eine ähnliche Funktion wie Kleidung hat. Dabei sollten Kind und Hund entspannt sein. Gehen Sie im Lauf der Zeit auf alle Körperbereiche ein und stellen Sie einen Vergleich zu Menschen her. Ihr Kind wird diese verstehen und den Hund achten.

Setzen Sie Ihrem Hund einen weiteren Tabubereich: Er darf Ihr Kind nicht im Gesicht beschnuppern oder mit der Zunge ablecken. Das wirkt Kindern gegenüber oft bedrohlich, gerade auf Augenhöhe. Zeigen Sie Ihrem Kind, wie es seine eigene Körpersprache einsetzen kann (→ Fotos, Seite 37), um dem Hund eine Grenze zu setzen.

Das übermütige Kind Sie können gar nicht so schnell schauen, wie Ihr Kind kopfüber über Ihrem Hund hängt und sich mit den Händen im Fell festklammert. Hier ist Ihre Aufklärungsarbeit gefragt. Zeigen Sie Ihrem Kind, wie es mit einem Hund richtig Kontakt aufnimmt (→ Seite 36), aber auch, an welchen Stellen Ihr Hund gestreichelt werden will. Beliebt sind kraulende Bewegungen hinter den Ohren oder Streicheln am Rücken in Richtung des Haarverlaufs. Erklären Sie Ihrem Kind auch, dass sich Ihr Hund erschrecken kann, wenn es sich auf ihn stürzt, da er nicht weiß, was mit ihm passiert. Ein Welpe kann noch schreckhafter sein, weil er sein neues Zuhause erst erkunden und Sicherheit gewinnen muss. Achten Sie darauf, dass der Welpe nur positive Erfahrungen während der Sozialisierungsphase (dritte bis maximal 20. Woche) macht. Dies ist eine prägungsähnliche Phase, in der der Hund das, was er lernt, nicht mehr vergisst – ob positive oder negative Erfahrungen.

Wie Hunde auf Kinder reagieren

So wie es unterschiedliche Typen von Kindern gibt, können Sie dies auch bei Hunden feststellen.

› Haben Sie einen ängstlichen Hund, desensibilisieren Sie ihn, indem Sie ihn langsam an einen Reiz heranführen, hier an das Kind.

› Ist Ihr Hund zu aktiv, bremsen Sie ihn. Lassen Sie ihn sich hinsetzen und so lange warten, bis Ihr Kind auf ihn zukommt. Dadurch drosseln Sie seine Kraft, und er übt sich in Geduld mit Ihrem Kind. Reagiert er zu ungestüm, besteht große Verletzungsgefahr.

Fördern Sie den richtigen Umgang. Im Beisein der Mutter lernen bereits die Kleinsten spielerisch, wie sie sich gegenüber einem Hund passend verhalten sollen.

Verständnis für den Hund wecken

Ihr Kind lernt viel über die Körpersprache des Hundes, wenn Sie mit ihm zusammen den Hund beobachten. Frisst er, sehen Sie ihm aus einer angemessenen Entfernung zu und erklären, dass er beim Fressen nicht gestört werden soll, da er das Futter verteidigen könnte. Erklären Sie immer, was Sie in dem jeweiligen Moment sehen, etwa Zunge, Zähne, Blick usw. Alternativ beobachten Sie den Hund beim Schlafen oder im Spiel mit anderen Hunden.

Wie alt sollte das Kind sein? Eine direkte Altersangabe ist nicht möglich, denn dies hängt von der individuellen Entwicklung des Kindes und vom dazugehörigen Hund ab. Übertragen Sie Ihrem Kind Aufgaben, wenn es anfängt, Verständnis für den Hund aufzubringen. Zum einen lernt Ihr Kind direkt mit dem Hund ohne Druck zu arbeiten. Zum anderen wird seine Geduld gefördert. Übungen sollten maximal zwei bis drei Minuten dauern.

»Nein«-Sagen lernen

HANDLUNGSABBRUCH Für Kinder ist es wichtig, dass sie im Leben »Nein« sagen können, auch im Umgang mit Hunden. Je eindeutiger (sachlich und ruhig) ein Handlungsabbruch mit »Nein« gesetzt wird, desto verständlicher ist es für den Hund. Grenzen gehören dazu. Zeigen Sie Ihrem Kind, diese dosiert einzusetzen. »Nein« sagen bedeutet nicht immer etwas Negatives.

Den richtigen Umgang bewusst fördern

»Dabei sein ist alles« und »Hinsehen statt weg-gucken«, so sollte Ihre Devise lauten. Sehen Sie sich als Verbindungsglied zwischen Hund und Kind.

Übungsfeld Kindergeburtstag

Nutzen Sie zum Beispiel Kindergeburtstage, um auch fremden Kindern Ihren Hund ein bisschen näher zu bringen. Erklären Sie den Kindern, dass ein Kindergeburtstag Stress für den Hund bedeutet und wie der Hund auf Unruhe reagiert. Solche Ein-heiten machen Kindern Spaß. Schützen Sie Ihren

Hund während der Kindergeburtstagsfeier, indem Sie ihm eine Rückzugsmöglichkeit bieten, die die Kinder nicht erreichen. Die meisten Hunde sind nicht wirklich begeistert, mit Papphütchen und Luftschlangen geschmückt zu werden.

Denken Sie an dieser Stelle wieder daran, dass es unterschiedliche Typen von Kindern gibt und dass sie vielleicht ganz anders als Ihr eigenes Kind rea-gieren. Das gilt vor allem für Kinder, die keine Mög-lichkeit haben, sich mit einem Hund zu beschäfti-gen. Bedenken Sie auch, dass sich Kinder in einer

Gruppe häufig stärker fühlen und vielleicht schneller eine kleine »Mutprobe« mit dem Hund eingehen wollen, als wenn sie allein wären. Das könnte zum Beispiel sein, dass sie sich am Schwanz des Hundes festhalten und von ihm ziehen lassen. Legen Sie gemeinsam kleine Übungssequenzen ein und zeigen Sie beispielsweise, an welchen Stellen sich der Hund am liebsten streicheln lässt. Gestalten Sie diese kurz, da es dem Hund mit mehreren Kindern schneller zu viel wird als nur mit dem eigenen Kind.

Wissen Sie, was Ihr Kind denkt?

Sie kennen Ihren Hund. Sie wissen genau, wie er tickt – doch was ist mit Ihrem Kind? Fragen Sie es nach seinen Wünschen im Umgang mit dem Hund. Nur so können Sie verstehen, welches Ziel Ihr Kind verfolgt. Auch die Kleinsten haben Träume. Je mehr Ihr Kind Ihnen anvertraut, umso einfacher wird das Zusammenspiel zwischen Kind und Hund werden.

Da Sie wissen, aus welcher Intention heraus Ihr Kind handelt, können Sie ihm wertvolle Tipps geben. Sie werden feststellen, welche Bedeutung Ihr Hund für Ihr Kind hat. Viele Eltern sind überrascht, wie sehr schon die Kleinsten an einem Hund hängen und wie viele Geheimnisse in seinen großen Ohren verschwinden.

Je älter Ihr Kind wird, desto konkreter werden die Vorstellungen. Lassen Sie Ihr Kind an seinen Aufgaben mit dem Hund wachsen. Häufig möchten Kinder gern mit den Eltern oder sogar allein in die Hundeschule gehen. Dieses Interesse wird meist bei Kindern ab sechs Jahren geweckt. Ich habe viele Kinder in Erziehungs- und Agilitykursen erlebt und habe das Zusammenwachsen von Kind und Hund beobachten dürfen. In allen Fällen war dies ein enormer Erfolg für beide. Dadurch sind die Kinder motivierter und die Bindung ist intensiver, als wenn die Eltern mit dem Hund arbeiten.

1 HALSBAND HALTEN Das Kind hält das Halsband so, dass der Hund durchsehen kann. In der anderen Hand hält das Kind ein Leckerchen.

2 HALSBAND ANLEGEN Der Hund steckt seinen Kopf durch das Halsband, um an das Leckerchen zu gelangen. Er bekommt es, sobald sein Kopf durch ist. Dann wird er gelobt.

3 SIGNAL LERNEN Bei dieser Übung ist kein Druck nötig. Hat der Hund die Übung verstanden, führen Sie das Signal »Anziehen« ein.

Stundenpläne – nicht nur in der Schule

Stellen Sie einen »Hunde-Wochenplan« auf. Tragen Sie darauf ein, welches Familienmitglied an welchem Tag welche Aufgaben übernehmen soll. Geben Sie diese Aufgaben dosiert, sodass Ihr Kind nicht zu viel machen muss und dadurch den Spaß verliert. Vergeben Sie nur solche Aufgaben, die es auch gut ausführen kann. Durch positive Einwirkungen wie Loben des Kind-Hund-Teams steigern Sie die Motivation, zudem fördern Sie das Zusammenspiel und die Akzeptanz, dass der Hund als ein Lebewesen respektiert wird, um den sich die Familie kümmern muss. Praktisch heißt das, dass Ihr Kind eine Aufgabe pro Tag bekommt, sei es, dass es dem Hund das Fressen gibt, ihn bürstet oder darauf achtet, dass er immer frisches Trinkwasser zur Verfügung hat. Kleine Grundgehorsamsübungen können eingeführt und je nach Alter und Interesse des Kindes ausgebaut werden.

Beispiel »Hier« Ihr Hund bekommt von Ihrem Kind das Signal »Hier«. Beherrscht er das, kann er lernen, nach dem Herankommen einmal um Ihr Kind zu laufen und sich in die Bei-Fuß-Stellung neben Ihr Kind zu setzen. Danach könnte eine kurze Bei-Fuß-Gehen-Episode folgen. Auf diese Weise kann der Hund kleine Handlungsketten erlernen. Der Fantasie sind keine Grenzen gesetzt, solange Kind und Hund Spaß daran haben.

Kinderzimmer aufräumen Sie haben Ihrem Hund beigebracht, auf Ihr Signal hin bestimmte Gegenstände an entsprechender Stelle abzulegen (→ Seite 26). Sobald Ihr Kind die nötige Reife hat, kann es selbst dem Hund die Signale geben. Der Hund lernt, dass sich die bereits ritualisierte Übung zum Aufräumen mit Ihnen auf das Kind übertragen kann und genauso umgesetzt werden soll. Beenden Sie die Übung mit einem Erfolgserlebnis für beide.

Umgang mit dem **Welpen**

TIPPS VON DER
HUNDE-EXPERTIN
Kristina Falke

Kindern sollten Sie den richtigen Umgang mit einem Welpen erklären. Umgekehrt müssen Sie den Kleinen von Anfang an richtig erziehen.

EINGEWÖHNUNG Das Kind muss lernen, dass sich der Welpe erst bei Ihnen zu Hause einleben muss. Er muss Sicherheit erlangen und das Vertrauen gewinnen, dass Sie seine neue Familie sind und stets für ihn sorgen. Geben Sie ihm die Chance sich einzugewöhnen. Halten Sie auch Ihr Kind an, Rücksicht zu nehmen.

BEDÜRFNISSE AKZEPTIEREN Achten Sie darauf, dass Ihr Kind den Welpen in Ruhe schlafen lässt, denn dabei verarbeitet er seine Erlebnisse.

WELPENSCHUTZ Viele Hundebesitzer meinen, dass ein Welpe bei erwachsenen Hunden unter einem besonderen Welpenschutz steht. Diesen gibt es nicht. Ein erwachsener Hund zeigt einem Welpen Grenzen auf, an denen dieser lernt. Grenzen zu setzen, das braucht er auch bei Ihnen.

WILDE WELPENSPIELE Begrenzen Sie das Welpenspiel zeitlich, damit der Kleine nicht aufdreht und im wilden Spiel Ihr Kind verletzt.

Aufgaben für Kinder

Spielen

Spielen macht nicht nur Spaß, sondern ist eine wichtige Lernphase sowohl für den Hund als auch für Ihr Kind. Lassen Sie Ihr Kind Spielideen vorschlagen und umsetzen. Geeignet sind zum Beispiel Versteck- und Suchspiele. Trotz allem Enthusiasmus sollten Sie die beiden im Auge behalten, denn oft werden Kind und Hund übermütig, dabei steigt die Verletzungsgefahr.

Fellpflege

Kurz- oder Langhaar spielt keine Rolle, (fast) alle Hunde haaren um die Wette. Daher muss das Fell regelmäßig gebürstet werden, damit es nicht verfilzt. Kinder übernehmen diese Aufgabe gern, und Hunde genießen die angenehmen »Massagen«. Zeigen Sie Ihrem Kind, dass es im Haarverlauf bürsten muss und die Bürste nicht zu tief ins Fell drücken darf.

Futter

Ihr Kind kann bei der Futterzubereitung helfen und dem Hund das Futter geben. Ist dieser recht stürmisch, sollte er sitzen und erst nach einem Auflösewort an den Napf dürfen. Ihr Kind sollte Abstand zum Hund einhalten, damit er entspannt fressen kann.

Grundgehorsam

Das kleine Einmaleins der Hundeerziehung kann Ihr Kind mit dem Hund trainieren. »Sitz«, »Platz«, »Hier«, »Nein« und die Leinenführigkeit sind wichtige Lernziele. Dabei kann Ihr Kind über Stimme und Handzeichen oder mit dem Clicker arbeiten. Ebenso beliebt sind Tricks, etwa »Rolle«, »Peng« (→ Seite 44) oder »Give me five«.

Spaziergang

Ein Kind kann mit einem Hund spazieren gehen, sobald es dem Hund körperlich gewachsen ist und der Hund die Signale des Kindes ausführt. Testen Sie auf gemeinsamen Spaziergängen, wie weit Ihr Kind die Kontrolle für den Hund übernehmen kann. Übergeben Sie Ihrem Kind in reizarmer Umgebung die Leine. Wenn es funktioniert, steigern Sie den Ablenkungsgrad etwa durch ein belebteres Umfeld, um zu sehen, ob dem entspannten Kind-Hund-Spaziergang nichts mehr im Wege steht.

Massage

Auch Ihr Vierbeiner liebt Massagen von Ihrem Kind. Dies ist eine schöne Vertrauensübung. Ihr Kind lernt den Körper des Hundes kennen, und der Hund kann entspannen.

Spiele für Kind und Hund

Im entspannten Spiel mit Artgenossen lernt der Hund mit seinem Gegenüber artgerecht zu kommunizieren, er trainiert Geschicklichkeit und Koordination, knüpft Sozialkontakte und hat Spaß. Das gemeinsame Spiel von Kind und Hund ist wichtig, denn dabei stecken sie ihre Grenzen ab und vertiefen ihre Bindung. Kontrollieren Sie, dass das Spiel niemals eskaliert und dass die beiden nicht überdrehen, da das Verletzungsrisiko steigt. Geben Sie Kind und Hund dann eine kurze »Auszeit«.

Spiele für draußen

Ihr Kind kann mit dem Hund Ball spielen, den Vierbeiner einen Dummy bringen lassen oder einen mit Leckerchen gefüllten Futterball verstecken. Sie können im Wald einen Parcours vorgeben, wo beide über Baumstämme balancieren und über Gräben springen müssen. Wenn Ihr Kind mit Geräten arbeiten möchte, bietet sich Agility an (→ Foto 2, rechts). Für Dogdance sind keine Geräte nötig. Sie und Ihr Kind bauen dabei auf dem guten Grundgehorsam des Hundes auf und studieren neue Kunststücke wie Laufen durch die Beine, Rückwärtsgehen oder Drehungen ein. Ihr Kind kann eine eigene Choreographie erstellen und mit dem Hund tanzen.

Spiele für drinnen

Bei Regen gibt es jede Menge lustiger Alternativen für die Wohnung. Mit wenigen Utensilien, etwa Eimern, Besenstielen oder Kartons, kann Ihr Kind einen Hindernisparcours bauen und mit dem Hund darüberspringen. Selbst das Kriechen kann Ihr Kind dem Hund mithilfe einiger Leckerchen oder eines spannenden Spielzeugs antrainieren. Beliebt bei Kindern ist es, dem Hund Tricks beizubringen, wie etwa einen Knicks machen, »Pfote geben« (→ Foto 3, rechts) oder »Peng«. Für »Pfote geben« sollte Ihr Kind den Hund vorsitzen lassen und ein Leckerchen in der zur Faust geballten Hand halten. Der Hund hat den Geruch bereits in der Nase und wird versuchen, an das Leckerchen zu kommen. Doch die Hand Ihres Kindes gibt das Leckerchen erst frei, wenn der Hund die Pfote auf die Hand legt. Signale sind »Sag guten Tag« oder »Gib Pfötchen«. Bei »Peng« soll sich der Hund auf das Signal hin flach auf die Seite legen und »toten Hund« spielen. Dazu muss der Hund im Platz liegen. Ihr Kind führt den Hund mithilfe eines Leckerchens, das es vor dessen Nase hält. Mit der Leckerchenhand beschreibt es einen Kreis um den Hundekopf, sodass sich dieser nach hinten mitdrehen muss. Der Hund kippt so, dass er auf der Seite liegt. Er erhält das Leckerchen, sobald er ruhig mit Körper und Kopf seitlich auf dem Boden liegt. Als Signal kann Ihr Kind »Peng« einführen.

Zerrspiele bitte vermeiden!

GEFAHREN VERMEIDEN Kinder sind bezüglich ihrer Kraft Hunden unterlegen und werden bei Zerrspielen über die Wiese gezogen. Ihr Hund besitzt »Allrad-Antrieb« durch vier Pfoten und kippt nicht so schnell um wie ein Kind. Außerdem steigern sich Hunde in Zerrspiele hinein, und Kinder lassen ungern los. Dadurch ist die Verletzungsgefahr sehr groß.

DOG FRISBEE Dies ist ein Powersport und für aktive Hunde gedacht. Das Frisbee wird in unterschiedliche Richtungen und Distanzen geworfen. Es gibt eine Vielfalt von Wurftechniken. Apportierambitionen sind von Vorteil, denn so bringt Ihr Hund die Scheibe wieder zurück. Voraussetzung ist, dass der Hund gesund ist und keine Knochen- und Gelenkprobleme hat. Zudem sollte er ausgewachsen sein. Verwenden Sie nur spezielle Hunde-Frisbee-Scheiben aus dem Zoofachhandel.

AGILITY Dies ist ein Mensch-Hund-Teamsport! Der Hund wird durch einen Parcours mit Hindernissen – zum Beispiel Tunnel-laufen, Hürdenspringen, Wippe-überqueren – in einer festgelegten Reihenfolge geschickt und mit Stimme und Körpersprache schnellstmöglich und so gut es geht fehlerfrei geführt. Agility eignet sich hervorragend dafür, den Hund körperlich und geistig auszulasten und macht nicht nur Kindern Spaß.

TRICKS Bei Tricks wie »Gib Pfote« sind Geschicklichkeit und Koordination gefragt. Der Beifall von Ihnen oder Ihrem Kind dient als Ansporn. Tricks lassen sich gut mit einem Clicker beibringen.

Probleme vermeiden

Die Kind-Hund-Beziehung zu fördern, setzt nicht nur voraus, dass Sie aktiv an einer guten Bindung arbeiten. Es gilt auch alles rund um den Hund in Ihrem Alltag zu organisieren, sich mit Papierkram, Versicherungen, der Gesundheit Ihrer Familie samt Hund auseinanderzusetzen und Stolpersteine aus dem Weg zu räumen.

Hygiene und Gesundheitsvorsorge

Trotz inniger Liebe zwischen Kind und Hund sollten hygienische Regeln Beachtung finden, um Krankheiten zu vermeiden. Hund wie Kind können Krankheiten übertragen – vom Schnupfen bis zur tödlichen Tollwut. Doch wovon gehen Gefahren aus?

Ektoparasiten

Dahinter verbergen sich Parasiten, die auf der Haut und/oder im Fell des Hundes leben.

Zecken Sie saugen Blut und können Krankheitserreger übertragen, zum Beispiel für Borreliose, eine bakterielle Infektion, die mit Antibiotika behandelt wird (der Hund kann dagegen geimpft werden, für den Menschen besteht bislang noch kein Impfschutz!), und FSME, eine durch Viren verursachte Entzündung des Gehirns oder der Hirnhäute. Der Hund bringt Zecken von Spaziergängen in Feld und Wald mit nach Hause. Sie halten sich dort vor allem im Bodenbereich, Gras und in Büschen auf. Die Parasiten sind abhängig von der Wetterlage von März bis Oktober aktiv.

› Abhilfe Suchen Sie nach einem Spaziergang Hund und Kind regelmäßig nach Zecken ab. Entfernen Sie diese sofort mit einer speziellen Zeckenzange oder -karte, denn je länger sie saugen, desto höher ist die Infektionsgefahr. Zudem lässt sich eine Zecke nach dem Saugvorgang einfach fallen. Ihr Kind könnte sie mit etwas Essbarem verwechseln! Gegen Zecken helfen Zeckenhalsbänder sowie sogenannte Spot-on-Präparate vom Tierarzt. Letztere werden dem Hund in den Nacken geträufelt.

Hundeflöhe Sie werden durch das Kohlendioxid in der Atemluft angelockt. Sie saugen Blut und können danach bis zu zwei Monate ohne Nahrung auskommen. Nur die erwachsenen Flöhe befinden sich auf dem Hund, die Entwicklungsstadien (Eier,

Larven, Puppen) leben in der Umgebung, also in Ihrer Wohnung, vor allem im Hundebett. Flohstiche jucken stark, sodass sich der Hund wund kratzen kann. Dringen Bakterien wie Streptokokken und Staphylokokken ein, können Ekzeme entstehen.

› Nachweis und Abhilfe Bearbeiten Sie vorbeugend den Hund regelmäßig mit einem Flohkamm (→ Foto 4, Seite 49). Die ausgekämmten Bestandteile legen Sie auf eine weiße saugfähige, feuchte Unterlage, etwa Küchenpapier. Hat der Hund Flöhe, dann färbt sich das Papier durch das Blut in den Flohausscheidungen rot. Gegen Flöhe helfen Flohpuder, Flohhalsbänder oder Spot-on-Präparate (→ Seite 47). Da diese Mittel oft giftig sind und äußerlich angewendet werden, sollte Ihr Kind in dieser Zeit den Hund nicht streicheln und die betreffenden Bereiche nicht anfassen. Behandeln Sie die Schlafplätze gründlich, da Flohlarven hier ideale Bedingungen für ihre Entwicklung finden.

Milben Sie ernähren sich von Pflanzen, Pilzen, Aas und abgestorbenem Gewebe. Hausstauballergien und Asthma können die Folge sein. Die Weibchen der Grabmilbe (Gattung *Sarcoptes*) bohren Gänge in die Haut und legen ihre Eier ab. Durch den Juckreiz kratzt sich der Hund wund (Räude). Jeder Hund hat Haarbalgmilben *(Demodex canis)*. Sie vermehren sich jedoch massiv bei immunschwachen Tieren.

› Abhilfe Der Tierarzt gibt Ihnen milbenabtötende Mittel, außerdem Medikamente gegen den Juckreiz.

Endoparasiten

Sie leben im Körperinneren eines Hundes, häufig in Hohlräumen, im Blut oder Gewebe.

Würmer Sie sind wohl die bekanntesten Endoparasiten. Dazu gehören Band-, Spul- und Hakenwürmer. Für Kinder besonders gefährlich ist der Fuchsbandwurm, weil er ohne Operation oder

lebenslange Medikamenteneinnahme tödlich enden kann. Würmer zeichnen sich durch einen lang gestreckten, schlauchförmigen Körper aus. Sie lassen sich im Kot nachweisen.

› Abhilfe Durch eine Wurmkur verhindern Sie den Ausbruch einer Krankheit bei Ihrem Hund und eine mögliche Ansteckung für Ihr Kind. Gegen Würmer kann der Hund vorbeugend oder nach Befall therapeutisch mit einem Wurmmittel behandelt werden. Da Würmer gegen die Mittel resistent werden können, ist eine Rotationstherapie angesagt. Das bedeutet, dass Sie spätestens alle zwei Jahre einen neuen Wirkstoff einsetzen.

Giardien Sie sind mikroskopisch kleine Dünndarm-Parasiten. Giardien setzen sich an der Darmwand des Hundes fest und vermehren sich millionenfach. Übelkeit und blutiger Durchfall sind die Folge. Bei Kindern können sie zu Durchfall und Wachstumsverzögerung führen.

› Abhilfe Vom Tierarzt bekommen Sie Medikamente, außerdem ist Hygiene wichtig (→ rechts).

Kokzidien Diese einzelligen Darmparasiten befallen beim Hund häufig den Magen-Darm-Trakt und können blutige Durchfälle auslösen.

› Abhilfe Der Tierarzt gibt Ihnen ein geeignetes Mittel. Nach erfolgreicher Behandlung heilt die Krankheit rasch ab, dennoch kann sie, etwa bei Jungtieren durch ein noch nicht stabiles Immunsystem, auch tödlich enden.

Reisekrankheiten

Durch den Transfer von Hunden aus Südeuropa nach Deutschland treten hierzulande vermehrt die sogenannten Reisekrankheiten auf.

› Die Leishmaniose ist die häufigste Reisekrankheit. Krankheitserreger sind einzellige Parasiten, die von Sandmücken übertragen werden. Sie befal-

1 Durch Speichel können Krankheiten übertragen werden. Daher sollten Sie verhindern, dass der Hund Kinderspielzeug mit der Schnauze aufnimmt.

2 Mit regelmäßigen Wurmkuren beugen Sie einer Infektion Ihres Hundes vor. In Leberwurst versteckt, werden die Tabletten gern genommen.

3 Zur Hygiene gehört auch das regelmäßige Händewaschen nach dem Spielen und den Kuscheleinheiten. Erklären Sie Ihrem Kind den Grund.

4 Gegen Flöhe helfen Flohhalsbänder. Aus gesundheitlichen Gründen sollte Ihr Kind diese nicht anfassen. Zur Kontrolle verwenden Sie einen Flohkamm.

len fast alle Organe, daher kann das Krankheitsbild unterschiedlich ausfallen. Wenn Sie einen Hund aus Südeuropa bei sich aufnehmen, lassen Sie ihn unbedingt auf Leishmaniose testen. Die Krankheit kann bei Kindern mit geschwächtem Immunsystem, auch Säuglingen, tödlich enden, wenn sie nicht behandelt wird. Allerdings ist sie schlecht erkennbar.
› Weitere Reisekrankheiten, die ausgeschlossen werden sollten, sind Ehrlichiose und Babesiose. Die parasitischen Einzeller werden in beiden Fällen durch Zecken übertragen.

Zoonosen

So nennt man Infektionskrankheiten, die vom Tier auf den Menschen und umgekehrt übertragbar sind. Dabei sind Menschen mit geschwächtem Immunsystem (Kleinkinder, Neugeborene, Schwangere, kranke und alte Menschen) besonders gefährdet. Es gibt rund 200 verschiedene Zoonosen. Beispiele im Kind-Hund-Alltag sind Tollwut, Lepto-

spirose, Salmonellose, Leishmaniose, Babesiose, Befall mit Giardien oder Milben.

Wie Sie vorbeugen können

Hygienemaßnahmen Achten Sie auf ein sauberes Umfeld. Ihre Kinder sollten keinen Zugang zu Kot und Urin (Gefahr bei noch nicht stubenreinen Welpen) oder Erbrochenem haben. Regelmäßiges Händewaschen nach Hundekontakt, hin und wieder auch mit desinfizierender Seife, sollte zu einem Ritual für Ihr Kind werden. Desinfizieren und kochen Sie Wäsche, Schnuller und Fläschchen. Der Hund sollte Ihrem Kind nicht das Gesicht ablecken, Kinderspielzeug nicht ankauen und auch nicht mit im Kinderbett schlafen, von Erstickungsgefahr bei Säugling oder Kleinkind einmal abgesehen.
Impfungen Sie tragen zur Ausrottung von Krankheiten bei und verringern das Infektionsrisiko. Sorgen Sie deshalb dafür, dass Ihr Hund die jährliche Schutzimpfung erhält.

Pflichten der Eltern

Ein häufiges Argument für die Anschaffung eines Hundes ist, dass die Kinder gern einen haben wollen. Lassie, Beethoven und Rex machen es vor, wie harmonisch und chaotisch schön zugleich ein Leben mit einem Vierbeiner ist.

Ihre Pflichten gegenüber dem Hund

Dennoch gibt es eine realistische Kehrseite. Auch wenn der Hund Ihren Kindern »gehört«, haben Sie als Eltern die volle Verantwortung für ihn, und dies ist mit Pflichten verbunden. Können Sie Ihrem Hund einen artgerechten Lebensraum bieten? Auch die Größe der Wohnung und den Platz, den er braucht, sollten Sie bedenken.

Zeitfaktor Überlegen Sie vor der Anschaffung, ob Sie genug Zeit für den Hund haben. Die Euphorie Ihrer Kinder lässt nach, wenn andere Dinge interessanter werden als der Hund. Die Bedürfnisse des Hundes bleiben jedoch bestehen – und dann sind Sie gefragt! Planen Sie diese Entwicklung speziell dann mit ein, wenn Sie schwanger sind. Sie erwarten dann nämlich zwei »Kinder«.

Kosten Kalkulieren Sie vor der Anschaffung eines Hundes Ihre finanziellen Möglichkeiten.

› Neben den Anschaffungskosten fallen Kosten für Futter und Ausstattung an, die nicht zu unterschätzen sind. Schließlich soll Ihr Hund – hoffentlich – mindestens 15 Jahre alt werden.

› Tierarztkosten sollten Sie ebenfalls berücksichtigen. Unvorhergesehene Verletzungen und Operationen können auf Sie zukommen.

› Kosten für eine Tierhalter-Haftpflichtversicherung fallen an. Diese sollten Sie unbedingt abschließen. Schnell kann es passieren, dass der

Hund samt Leine ausreißt und vor ein Auto läuft. Aber auch Fälle, wenn der Hund ein Kind umrennt, einen Hund beißt oder bei Besuchern etwas zerbricht, sind dann versichert (→ auch Tipp unten).

Achtung Häufig enthalten die Verträge eine Klausel, dass der Versicherungsschutz erlischt, wenn der Hundehalter die Verantwortung an eine Person überträgt, die noch nicht 18 Jahre alt ist. Dies bedeutet beispielsweise, dass im Falle eines Unfalls kein Versicherungsschutz besteht, wenn ein 14-jähriges Kind täglich mit Ihrem Hund spazieren geht.

› Sie müssen den Hund ordnungsgemäß in Ihrer Stadt anmelden und für ihn Steuern zahlen.

Sachkundenachweis Wenn Ihr Hund größer als 40 Zentimeter und schwerer als 20 Kilo wird oder einer bestimmten Rasse angehört, müssen Sie in einigen Städten/Bundesländern Ihr Wissen um den Hund unter Beweis stellen. Die Fragen stammen aus den Bereichen Welpenaufzucht, Gesundheit, Medizin, Verhalten und Umgang im Alltag mit Menschen und Hunden.

Haftpflichtversicherung **für den Hund**

VERSICHERUNGSSUMME Achten Sie darauf, dass Personen-, Sach- und Vermögensschäden hoch genug abgedeckt sind.

VERSICHERUNGSUMFANG Läuft Ihr Hund frei, sollte im Vertrag vermerkt sein, dass der Versicherungsschutz auch ohne Leine außerhalb des eigenen Grundstücks besteht. Andernfalls ist der Hund nur angeleint versichert.

Ihr Kind möchte helfen. Übertragen Sie ihm die tägliche Versorgung des Hundes mit Frischwasser. Ein kurzer, aber beständiger Dienst.

Lassen Sie die Kinder nie unbeaufsichtigt mit Ihrem Hund allein! Sie verletzen Ihre Sorgfaltspflicht und tragen Verantwortung für Kind und Hund.

Bedürfnisse des Hundes beachten

Der Hund ist zu einem Sozialpartner geworden, der gewisse Grundbedürfnisse von uns erfüllt. Er schließt in uns eine psychologische Lücke unter anderem als treuer Zuhörer. Die Gefahr besteht, dass der Hund »vermenschlicht« wird und dass seine arteigenen Bedürfnisse dabei nicht berücksichtigt werden. Bei Erwachsenen nimmt der Hund häufig die Rolle eines Mitbewohners oder Partners ein. Behandeln Sie den Hund artgerecht.
Auch Kinder vermenschlichen den Hund gern, aber meist aus einer Spielsituation heraus. Sie versuchen zum Beispiel, ihm Puppenkleider anzuziehen oder das Fell mit Wasserfarben anzumalen. Solche Situationen sollten Sie rasch durch Erklärungen beheben. Erfahrungsgemäß respektieren Kinder recht schnell, dass ein Hund kein Kind oder Spielzeug ist.

Pflichten gegenüber Ihrem Kind

› Für Ihr Kind müssen Sie das Zuhause zu einem sicheren Ort machen. Es darf keine Angst vor dem Hund haben oder sich durch ihn bedroht fühlen. Durch Ihre regelmäßigen Übungseinheiten zum Grundgehorsam des Hundes leisten Sie bereits einen Beitrag dazu. Durch zusätzliche Beschäftigungsmöglichkeiten und Ihre ständige Verantwortung entschärfen Sie mögliche Gefahrenquellen.
› Sie tragen zu jeder Zeit die gesamte Verantwortung für Ihr Kind im Umgang mit dem Hund! Dazu gehört auch, dass Sie Ihrem Kind immer mit Rat und Tat zur Seite stehen und ihm zum Beispiel zeigen, wie es dem Hund eine Übung, etwa das Halsband anziehen (→ Seite 40), beibringen kann. Sie lernen den Hund an. Hat er die Handlung erfolgreich mit dem Signal verknüpft, kann Ihr Kind die Übung identisch Ihren Ausführungen übernehmen. Stellen sich bei der Durchführung Schwierigkeiten ein, etwa weil der Hund das gegebene Signal nicht befolgt, dann sollten Sie umgehend Ihrem Kind helfen. Danach sollten Sie die Übung für Ihr Kind einfacher gestalten, damit es beim nächsten Mal Erfolg in der Durchführung hat.

Pflichten und Rechte des Kindes

Ihr Kind möchte Verantwortung für den Hund übernehmen und am liebsten alles mit dem Vierbeiner
zusammen machen. Das Gelingen hängt von unterschiedlichen Faktoren ab.

Anforderungen an das Kind

› Ihr Kind sollte dem Hund körperlich und kräftemäßig überlegen sein. Das bedeutet, dass es auf
Spaziergängen den Hund in allen Situationen an

der Leine halten kann, auch wenn der Hund zu
Artgenossen zieht. Ist der Hund stärker als Ihr
Kind, könnte er das Kind über die Straße und im
schlimmsten Fall vor ein Auto ziehen.
› Das Kind sollte dem Hund jederzeit eine Grenze
setzen können, wenn es ihm zu anstrengend wird.
Das können Sie überprüfen, indem sich Ihr Kind
während Spielphasen hinstellt und »Nein« sagt. Ihr
Hund muss dann aufhören, das Kind weiterhin zum
Spielen aufzufordern. Tut er es nicht, sollten Sie
entweder das Deckentraining (→ Seite 16/17) mit
Ihrem Kind zusammen üben oder ihm zeigen, wie
ein Handlungsabbruch geht, damit es lernt, dem
Hund eine Grenze zu setzen.
› Das Kind sollte dem Hund gegenüber Verantwor-
tung übernehmen können. Kinder sind emotional.
Erleben sie, wie der eigene Hund gebissen wird –
womöglich noch, wenn das Kind allein mit ihm un-
terwegs ist –, bleibt das meist ein einschneidendes
Erlebnis. Angst und Unsicherheit stellen sich ein.
Verletzungen und Krankheiten eines Hundes belas-
ten Kinder ebenfalls häufig. Unterschätzen Sie dies
nicht und besprechen Sie mit Ihrem Kind aktuelle
Situationen. Sachlich und ruhig erklärt, verstehen
Kinder die Wahrheit sehr gut, selbst wenn der eigene Hund einen anderen Hund gebissen hat.
› Theorie und Praxis sind zwei paar Schuhe. Es
reicht nicht aus, Ihrem Kind nur theoretisch zu erklären, wie es sich verhalten soll, wenn es auf dem
Spaziergang zu Beißereien mit einem anderen

Spaziergänge genießt Ihr Kind nur, wenn es dem
Hund kräftemäßig überlegen ist und der Hund folgt.

Hund kommt. Zu Hause weiß Ihr Kind, dass es in einer solchen Situation die Leine fallen lassen soll, ruhig bleiben, die Hunde nicht anschreien und sich zusammen mit dem anderen Hundebesitzer einige Meter von den Hunden entfernen muss.

Doch in der Praxis sieht es anders aus. Dann reagiert es wie viele Erwachsene auch und will seinen Hund schützen, statt auf seine eigene Sicherheit zu achten. Ich rate Ihnen daher, Ihr Kind erst mit dem Hund allein spazieren gehen zu lassen, wenn es auch solchen Extremsituationen gewachsen ist, da sonst das Verletzungsrisiko einfach zu groß ist. Ab einem gewissen Alter (→ Seite 38) können Kinder solche Situationen meistern und verstehen auch die Hintergründe besser.

Kommt Ihr Kind in eine missliche Lage mit Ihrem Hund, lassen Sie es erzählen und arbeiten das Erlebte gemeinsam mit ihm durch. Sie können besprechen, ob sich das Kind richtig verhalten hat oder ob es Alternativen dazu gibt. Im Zweifel lassen Sie sich von einem Hundetrainer beraten.

› Ihr Kind sollte Achtung und Respekt im Umgang mit dem Hund haben. Der Vierbeiner sollte als Lebewesen und Sozialpartner anerkannt und geachtet werden.

Trauern lassen Zu einem Hundeleben gehören auch Krankheit und Tod. Erklären Sie Ihrem Kind die Situation immer ehrlich, dann kann es die Tatsache besser verarbeiten. Je natürlicher Sie damit umgehen, desto einfacher ist es für Ihr Kind. Wichtig: Geben Sie ihm Zeit zum Trauern.

Anforderungen an den Hund

Es gibt große und kleine Hunde. Das heißt aber nicht, dass ein Mops weniger »Stress« macht als ein Rottweiler. Zwar sind fünf Kilo Gegengewicht leichter zu halten als 50 Kilo, aber das allein macht

Zeigen Sie, wie Ihr Kind am besten ein Leckerli füttert. Kleine Übung – große Wirkung! Wiederholungen machen Spaß und prägen sich ein.

Leckerlis **richtig geben**

Jeder gibt seinem Hund gern Leckerlis. Zeigen Sie Ihrem Kind, wie es richtig geht. Manche Hunde reagieren stürmisch, wenn es darum geht, Essbares zu ergattern. Da kann es sein, dass der eine oder andere Finger statt des Leckerchens zwischen die Hundezähne gerät. Darauf sollten Sie achten:

HANDHALTUNG Legen Sie das Leckerchen auf die offene Handfläche.

SIGNALE ANTRAINIEREN Bringen Sie Ihrem Hund zwei Signale bei: »Nimm« ist die Erlaubnis, sich das Leckerchen zu nehmen. »Nein« sagen Sie, wenn der Hund einen Frühstart riskiert, um an das Leckerli zu kommen, bevor Sie oder Ihr Kind die Erlaubnis erteilt haben.

einen Terrier zum Spazierengehen nicht geeigneter als eine Dogge. Damit Kind und Hund gefahrlos allein Gassi gehen können, …

› … sollte der Hund einen guten Grundgehorsam besitzen und sich die wichtigsten Signale auch von Ihrem Kind »gefallen« lassen.

› … muss Ihr Hund anderen Hunden und Menschen gegenüber sozialverträglich sein. So entstehen viele Konflikte erst gar nicht.

Wichtig Schicken Sie Ihr Kind niemals mit einem Hund spazieren, der nicht sozialverträglich ist!

› … sollte der Hund die Pubertät bereits hinter sich haben. Pubertierende Hunde benötigen noch Feinschliff in der Erziehung und eine gehörige Portion Konsequenz. Diese kann Ihr Kind dem Hund noch nicht entgegenbringen.

Bitte bedenken

› Es gibt kein Patentrezept, wann Ihr Kind so weit ist, dass es selbstständig mit dem Hund arbeiten kann. Jedes Kind-Hund-Team muss individuell gesehen werden. Ich habe im Training viele Kinder beobachtet, wie sie mit ihrem Hund umgehen, und die Erfahrung gemacht, dass dies viele besser machen als Erwachsene. Alle an ein Kind übertragenen Aufgaben müssen aber stets überschaubar sein und dürfen es nicht überfordern.

› Der Alltag besteht nicht immer aus kontrollierten Trainingseinheiten. Das bringt Schwierigkeiten für das Kind mit sich, etwa wenn das Reizumfeld zu stark ist und der Hund dadurch zu stark abgelenkt ist. Lassen Sie Ihr Kind dennoch Teilbereiche von Aufgaben und Übungen selbstständig ausführen, und zwar stets dann, wenn Sie eine Trainingssituation schaffen können die Kind und Hund erfolgreich meistern können. Dadurch lernt es, immer mehr eigenverantwortlich zu arbeiten.

Verantwortung liegt bei Ihnen

Ihr Kind ist vernünftig und auf dem besten Weg, ein pflichtbewusster Erwachsener zu werden. Dennoch liegt jegliche Verantwortung rund um den Hund bei Ihnen. Sie haben die Verantwortung nicht nur im privaten Bereich gegenüber Ihrer Familie und Ihrem Umfeld, sondern müssen auch die rechtliche und versicherungstechnische Seite berücksichtigen.

KIND UND HUND IM GESETZ Der Gesetzgeber schützt Kinder durch die Auflage, dass Personen unter 18 Jahren keinen Hund halten dürfen. Der Hund gehört also Ihnen, auch wenn Sie sich von Ihren Kindern zu diesem Kauf haben überreden lassen. Sie haben zugestimmt und tragen die Verantwortung mit allen Konsequenzen.

ERZIEHUNG Kinder möchten an der Aufzucht und Erziehung des Hundes teilhaben und selbstverantwortlich handeln. Erziehung heißt aber nicht nur, dem Hund ein paar Übungen beizubringen, sondern ihn für die nächsten Jahre harmonisch in Ihrem Alltag zu integrieren. Erziehung ist mehr als Training. Sie ist auch nicht auf eine bestimmte Zeit begrenzt, sondern sie ist ein sich entwickelnder lang andauernder Prozess, der anhält, so lange der Hund lebt.

AUSBILDUNG Egal, wie vernünftig Ihr Kind wirkt, es wird nicht in der Lage sein, den eigenen Hund allein auszubilden. Die Hauptarbeit liegt bei Ihnen. Sie können Ihr Kind aber begleiten und ihm Übungen, die der Hund bereits verinnerlicht hat, übertragen.

HAFTUNG Auch wenn es der Hund Ihres Kindes ist, haften Sie für ihn und für alles, was durch ihn passiert. Das gilt auch, wenn Sie statt Ihres Kindes einen Erwachsenen beauftragen, mit Ihrem Hund Gassi zu gehen.

Konfliktsituationen meistern

Konflikte gehören zum »Alltagswahnsinn«. Wichtig ist es jedoch, sie zu erkennen und zu lösen. Folgende Beispiele kommen Ihnen sicherlich bekannt vor.

Der Hund klaut

Der Hund versucht, dem Kind ein Spielzeug, Lebensmittel oder etwas Ähnliches wegzunehmen. Ihr Kind schafft es aber weder körperlich noch verbal, dem Hund eine Grenze zu setzen.

Lösung Greifen Sie ein, indem Sie Ihrem Hund durch einen Handlungsabbruch, etwa ein »Nein« oder Verweis auf einen bestimmten Platz, eine Grenze aufzeigen. Legen Sie den Hund einige Meter von Ihrem Kind entfernt ab. Durch die größere Distanz können Sie den Hund besser kontrollieren, da Sie die Zeit zwischen Aufstehen und dem Kind etwas Klauen bereits dafür nutzen können, ihn zu stoppen und wieder auf seinen Platz abzulegen.

Fehlende Leinenführigkeit

Ihr Kind kann problemlos mit dem angeleinten Hund spazieren gehen, bis ein anderer Hund entgegenkommt. Danach verschwinden Hund und Kind in einer Staubwolke, und Ihr Kind hat Mühe, sich richtig zu verhalten, nämlich die Leine loszulassen und sich selbst zu schützen (→ Seite 52/53). Viel schlimmer ist, dass das Kind versuchen wird, den Hund zu schützen. Eine große Verletzungsgefahr für Kind und Hund besteht.

Lösung Lassen Sie Ihr Kind, wenn es den Hund in Extremsituationen nicht unter Kontrolle hat, nicht mit dem Hund spazieren gehen. Üben Sie die Leinenführigkeit (→ Seite 11). Wenn der Hund an der Leine zieht oder Leinenaggression zeigt, sollten Sie die Hilfe eines guten Hundetrainers in Anspruch nehmen. Ziel sollte sein, dass Ihr Hund an anderen Hunden mit hängender Leine vorbeigeht. Dieser Prozess wird einige Zeit in Anspruch nehmen.

Erkennen Sie Konflikte früh. Hier geht es nicht nur »um die Wurst«, sondern auch darum, dass der Hund Grenzen überschreitet und gegen den Willen des Kindes handelt.

Stress für den Hund

Unter zu viel entgegengebrachter Liebe wie engen Umarmungen leidet der Hund mehr, als dass er sie würdigen könnte. Er fühlt sich bedrängt, denn seine Individualdistanz wird unterschritten. Darauf kann er zweierlei Reaktionen zeigen:

› Er erduldet alles. Dabei wird er defensiv, macht

Nicht jeder Hund reagiert wie der eigene. Das sollten Sie Ihrem Kind erklären, bevor es wie selbstverständlich auf fremde Hunde zurennt.

sich klein, zieht den Schwanz ein, legt die Ohren an und wendet den Blick ab. Oft erstarrt er nahezu.

› Ihr Hund wehrt sich.

Lösung In beiden Fällen müssen Sie Kind und Hund trennen, um Verletzungen vorzubeugen.

Angst vor dem eigenen Hund

Manchmal passiert es, dass Ihr Kind Angst gegenüber dem Hund entwickelt, etwa weil es beim Toben sein Spielzeug nehmen möchte. Der Hund verteidigt es und erntet Respekt, indem das Kind erschrocken vom Spielzeug ablässt. Wiederholen sich solche Vorgänge, kann sich das Verhalten des Hundes, mit dem er Erfolg hatte, steigern.

Lösung Trainieren Sie solche Situationen und üben Sie mit Ihrem Kind, wie es sich durchsetzen kann. Auch hier kommt Ihnen ein Handlungsabbruch (→ Tipp Seite 38) und ein Signal wie »Sitz« zugute. Helfen Sie anfangs dem Kind, im Lauf der nächsten Wochen ziehen Sie sich immer mehr zurück, bis es ohne Angst dem Hund das Spielzeug wegnehmen kann und in ähnlichen Situationen ebenso souverän reagiert. Setzen Sie sich dabei kein zeitliches Limit, die Grenzen und Fortschritte im Training bestimmen Kind und Hund!

Streitigkeiten unter Geschwistern

Diese gehören zum Alltag, dennoch ist die Situation für den Hund nicht eindeutig. Wenn sich Kinder körperlich angreifen, weiß der Hund nicht, was er tun soll. Er wird laut bellend um sie springen und mit der Schnauze schon mal ins Geschehen stupsen. Überlassen Sie Ihren Kindern und dem Hund die Situation, fahren die Gemüter nur höher.

Lösung Holen Sie Ihren Hund in Ruhe aus dem Zimmer, damit es nicht zu Verletzungen kommt und er nicht weiter verunsichert wird. Schlichten Sie den Streit unter den Geschwistern und erklären Sie, was Streit für den Hund bedeutet.

Andere Hunde, andere Sitten

Treffen Sie auf fremde Hunde, beginnt Ihre Arbeit rund um den Vierbeiner von vorn, denn Sie dürfen nicht davon ausgehen, dass jeder Hund auf Ihr Kind so reagiert wie Ihr eigener. Es gibt Hunde, die keine Kinder kennen, Angst haben oder schlechte Erfahrungen gemacht haben.

Gefahren aus dem Weg gehen

> Verabreden Sie mit Ihrem Kind, dass es nicht gleich auf einen fremden Hund zuläuft, sondern vorher den Besitzer fragt, ob sein Hund Kinder mag und gestreichelt werden darf. Ein typischer Fehler von Kindern ist beispielsweise, laut rufend auf einen Hund zuzurennen. Dies können Sie korrigieren, indem Sie Ihrem Kind die richtige Kontaktaufnahme vermitteln (→ Seite 36). Dann kann Ihr Kind langsam die Hand ausstrecken und den Hund behutsam streicheln. Fragen Sie den Besitzer, ob es empfindliche Körperstellen gibt. Hat der Hund zum Beispiel starke Rückenschmerzen und Ihr Kind möchte ihn dort streicheln, kann er sich wehren. Auch bei Schmerzen im Bewegungsapparat ist Vorsicht geboten, ein Hund kann aus Selbstschutzgründen zum Abwehrschnappen neigen.

> Achten Sie darauf, dass die Köpfe der beiden nicht zu nah zusammen sind. Schnappt der Hund plötzlich zu, ist die Verletzungsgefahr im Gesicht sehr hoch! Nehmen Sie Ihr Kind aus dieser Situation umgehend heraus. Verhindern Sie, dass der Hund über das Gesicht Ihres Kindes leckt.

> Läuft ein fremder Hund auf Sie zu, der ein Spielzeug im Maul trägt, meiden Sie diesen Kontakt. Erklären Sie Ihrem Kind, dass das Spielzeug eine Ressource für den Hund ist, die er durch Schnappen verteidigen könnte. Selbst wenn der Besitzer seinem Hund alles aus dem Maul nehmen kann, heißt das noch lang nicht, dass sich der Hund das auch von einem fremden Kind gefallen lässt.

> Hunde, die auf dem eigenen Grundstück hinter einem Zaun hervorbellen, verteidigen häufig ihr Territorium (Ressource!). Daher klingt das Bellen oft aggressiver, als wenn Sie diesen Hund auf neutralem Boden antreffen würden. Erklären Sie Ihrem Kind, dass es einen Hund, der sein Territorium verteidigt, nicht streicheln darf. Einerseits müsste das Kind zur Kontaktaufnahme das Territorium des Hundes betreten, andererseits ist der Besitzer häufig nicht dabei, um Fragen zum Hund beantworten und Gefahren ausschließen zu können.

Bewacht ein Hund sein Territorium, sollte Ihr Kind keinen Kontakt aufnehmen.

Der Hund hat gebissen – was tun?

Wer kennt nicht die Schlagzeile: »Hund beißt eigenes Kind«. Schuld ist der Hund und deshalb muss er weg. Das Vertrauen dem Hund gegenüber ist von jetzt auf gleich komplett zerstört. Es wird schnell gehandelt, oft zu schnell. Das Kind wird versorgt und der Hund binnen kürzester Zeit abgegeben oder vom Tierarzt eingeschläfert.

Sollten Sie einmal in eine derartige Situation gelangen, hoffe ich, dass Sie sich an diesen Absatz erinnern. Beißt Ihr Hund Ihr Kind, ist es völlig in Ord-

nung, den Hund in Pension zu geben, ABER erst einmal nur für 24 Stunden. So haben Sie Zeit, sich selbst und Ihr Kind zu beruhigen.

Den Unfall analysieren Suchen Sie umgehend Rat bei einem guten Hundetrainer (→ Adressen, Seite 62). Mit ihm zusammen ermitteln Sie die genaue Vorgeschichte (Anamnese) und erörtern die Situation, durch welche äußeren und inneren Umweltreize der Hund ein derartiges Verhalten entwickeln konnte. Der Hundetrainer sollte sich die

Lernen kann Spaß machen. Das beweist der Einsatz von Hunden in Kindergärten und Schulen, um richtiges Verhalten zwischen Kindern und Hunden zu fördern. Dadurch fällt das Verständnis leichter.

Verletzungen Ihres Kindes ansehen. Der Verletzungsgrad gibt Aufschluss über den Erregungszustand des Hundes zum Zeitpunkt des Bisses. Bissverletzungen lassen sich in verschiedene Beißgrade unterteilen. Und nicht jeder Biss stammt von einem bösartigen aggressiven Hund.

Während der ganzen Zeit, in der ich als Hundeverhaltensberaterin tätig bin, ist es mir glücklicherweise trotz riesiger (und sicherlich auch berechtigter) Aufregung der Besitzer immer gelungen, Hunde nach Beißunfällen wieder in den Alltag einzugliedern. Dies war allein schon aufgrund der Tatsache möglich, dass ich die Ursache für den Unfall gefunden hatte und die Ausmaße des Bisses harmloser waren als angenommen. Bedenken Sie, dass Sie schon seit Jahren mit Ihrem Hund harmonisch zusammenleben. Nie hat er etwas getan und auch Ihrem Kind gegenüber keinerlei Aggressionen gezeigt. Damit möchte ich Sie zum Nachdenken anregen, dass es vielleicht eine Ursache gibt, die erklärt, warum es zum Biss kam. So kann es sein, dass das Kind den Hund provoziert hat. Dann besteht die Hoffnung, dass sich Ihr treuer Freund wieder in Ihren Alltag integrieren lässt und nicht abgegeben werden muss.

Vorbeugung ist nötig

Um Kinder vor Bissverletzungen zu schützen und um Aggressionen ihnen gegenüber vorzubeugen, lassen mittlerweile viele Menschen ihre Vierbeiner zum Therapiehund ausbilden. Diese werden gezielt in Ausbildungsstätten wie Kindergärten (→ Experten-Tipp rechts) und Schulen eingesetzt und sollen den richtigen Umgang zwischen Kind und Hund fördern. Kinder werden im entspannten Umfeld an Hunde herangeführt. Gleichzeitig wird gefördert, dass der Hund einfach mit zum Alltag gehört.

Therapiehund im Kindergarten

TIPPS VON DER
HUNDE-EXPERTIN
Kristina Falke

Mit meinem Hund »Whopper« besuche ich regelmäßig Kindergärten und zeige den Jüngsten, wie man Konfliktsituationen vorbeugt.

RICHTIGER UMGANG Die Kinder lernen in kürzester Zeit den Hund als ein Lebewesen zu respektieren und ihn gut zu behandeln. Spielerisch wird Whoppers Körper erkundet, die Kinder bereiten ihm sein Futter, pflegen sein Fell und lernen, dass sie ihn auf seiner Schlafdecke in Ruhe lassen müssen. Natürlich warten jede Menge Spiel- und Streicheleinheiten auf ihn.

RICHTIGES VERHALTEN Auch ernstere Themen spreche ich an und erkläre, was Kinder tun sollten, wenn ein fremder Hund auf sie zuläuft, ein Hund sie anstarrt oder wenn im umgekehrten Fall Hunde Angst vor Kindern haben. Je öfter Whopper und ich im Kindergarten sind, desto sicherer werden ängstliche Kinder und desto ruhiger übermütige Kinder im Umgang mit dem Hund.

MEINE ERFAHRUNG Die Kinder sind sehr wissbegierig und stellen viele Fragen. Die Antworten erzählen sie später stolz ihren Eltern.

Die **halbfett** gesetzten Seitenzahlen verweisen auf Abbildungen, U = Umschlag, UK = Umschlagklappe.

Die Inhalte dieses Buches beziehen sich auf die Bestimmungen des deutschen Tier- und Artenschutzes. In anderen Ländern können die Angaben abweichend sein. Erkundigen Sie sich daher im Zweifelsfall bei Ihrem Zoofachhändler oder bei der entsprechenden Behörde.

Verbände/Vereine

› mTa – mit Tieren arbeiten, Jörg Ziemer, Bahnhofstr. 76, 26197 Großenkneten-Huntlosen, www.joerg-ziemer.de www.mensch-hund-coaching.de
› Berufsverband der Hundezieher/innen und Verhaltensberater/innen e.V. (BHV), Eichenweg 2, 65527 Niedernhausen, www.bhv-net.de

Wichtiger **Hinweis**

› Sie erhalten Empfehlungen für eine gute Hund-Kind-Beziehung und wie Sie eine gute Bindung fördern können.

› Dennoch müssen Sie bei allen Vorschlägen abwägen, ob sie für Sie, Ihre Familie und Ihren Hund geeignet sind. Jedes Mensch-Hund-Team ist individuell zu sehen und zu behandeln.

› Sollten Sie zweifeln oder stellen sich Probleme ein, schalten Sie umgehend einen guten Hundetrainer ein, der Ihnen vor Ort zur Seite steht und mit Ihnen gemeinsam einen Trainingsplan erstellt.

Bei den links genannten Adressen erhalten Sie Angaben zu Hundetrainern, Hundeverhaltensberatern und Trainerschulungen
› Fédération Cynologique Internationale (FCI), Place Albert 1er, 13, B-6530 Thuin/Belgique, www.fci.be
› Verband für das Deutsche Hundewesen (VDH) e.V., Westfalendamm 174, 44141 Dortmund, www.vdh.de
› Österreichischer Kynologenverband (ÖKV), Siegfried-Marcus-Str. 7, A-2362 Biedermannsdorf, www.oekv.at
› Schweizerische Kynologische Gesellschaft (SKG/SCS), Postfach 8276, CH-3001 Bern www.hundeweb.org

Fragen zur Haltung

beantworten Ihr Zoofachhändler und der Zentralverband Zoologischer Fachbetriebe Deutschlands e.V. (ZZF), Tel. 0611-44 75 53 32 (nur telefonische Auskunft möglich: Mo 12–16 Uhr und Do 8–12 Uhr), www.zzf.de

Haftpflichtversicherung

› AGILA Haustierversicherung AG, Breite Str. 6–8, 30159 Hannover, www.agila.de

Adressen im Internet

› www.Hunde-helfen-kids.de (Aufklärung von Schulkindern über die Natur des Hundes)
› www.schulhund.at (Infos über den Einsatz von Hunden in Schulen und Kindergärten)
› www.tierschutzkids.de (Kinderseite des Deutschen Tierschutzbundes)

› www.kinder-und-tiere.de (Infos über gemeinsames Aufwachsen von Kind und Hund sowie den Einsatz von Hunden in der Schule)
› www.naturhund.de (Infos über den Hund sowie über Hundeverhaltensberatung und -training)
› www.tiermedizin.de (u. a. Adressen von Tierverhaltenstherapeuten)

Bücher, die weiterhelfen

› Bloch, G.: Der Wolf im Hundepelz. Franckh-Kosmos Verlag, Stuttgart
› Feddersen-Petersen, Dr. D.: Hundepsychologie. Franckh-Kosmos-Verlag, Stuttgart
› Piturru, P.: Lassie, Rex und Co. klären auf. Kynos Verlag, Mürlenbach
› Schlegl-Kofler, K.: Hundesprache. Gräfe und Unzer Verlag, München
› Schlegl-Kofler, K.: Das große GU Praxishandbuch Hunde-Erziehung. Gräfe und Unzer Verlag, München
› Trumler, E.: Mit dem Hund auf du. Piper-Verlag, München
› Zimen, Dr. E.: Der Hund. Bertelsmann Verlag, München

Zeitschriften

› DogsToday. Gong Verlag, München
› Partner Hund. Gong Verlag, München
› Der Hund. Deutscher Bauernverlag GmbH, Berlin
› Dogs. Gruner + Jahr, Hamburg

Dank

Im Namen von Melanie, Adrian und Kira danken Fotografin und Verlag allen Kindern sowie ihren Hunden und Eltern für ihre tolle Mitarbeit bei der Entstehung dieses Buches.

Freude am Tier

Die neuen Tierratgeber – da steckt mehr drin

ISBN 978-3-8338-0184-6
64 Seiten

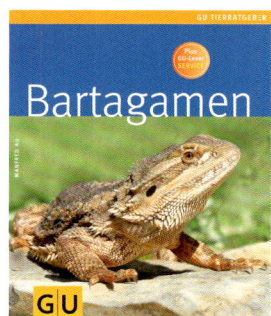

ISBN 978-3-8338-1164-7
64 Seiten

ISBN 978-3-8338-0523-3
64 Seiten

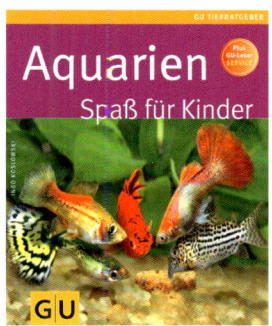

ISBN 978-3-8338-1204-0
64 Seiten

ISBN 978-3-8338-1195-1
64 Seiten

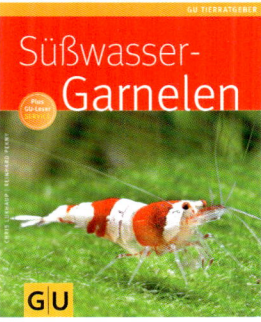

ISBN 978-3-8338-1196-8
64 Seiten

Änderungen und Irrtum vorbehalten.

Das macht sie so besonders:

Praxiswissen kompakt – vermittelt von GU-Tierexperten

Praktische Klappen – alle Infos auf einen Blick

Die 10 GU-Erfolgstipps – so fühlt sich Ihr Tier wohl

Willkommen im Leben.

IMPRESSUM

Unsere Garantie

Alle Informationen in diesem Ratgeber sind sorgfältig und gewissenhaft geprüft. Sollte dennoch einmal ein Fehler enthalten sein, schicken Sie uns das Buch mit dem entsprechenden Hinweis an unseren Leserservice zurück. Wir tauschen Ihnen den GU-Ratgeber gegen einen anderen zum gleichen oder ähnlichen Thema um.

Liebe Leserin und lieber Leser,

wir freuen uns, dass Sie sich für ein GU-Buch entschieden haben. Mit Ihrem Kauf setzen Sie auf die Qualität, Kompetenz und Aktualität unserer Ratgeber. Dafür sagen wir Danke! Wir wollen als führender Ratgeberverlag noch besser werden. Daher ist uns Ihre Meinung wichtig. Bitte senden Sie uns Ihre Anregungen, Ihre Kritik oder Ihr Lob zu unseren Büchern. Haben Sie Fragen oder benötigen Sie weiteren Rat zum Thema? Wir freuen uns auf Ihre Nachricht!

Wir sind für Sie da!
Montag–Donnerstag: 8.00–18.00 Uhr;
Freitag: 8.00–16.00 Uhr *(0,14 €/Min. aus dem dt. Festnetz/Mobilfunkpreise können abweichen.)
Tel.: 0180-5 00 50 54*
Fax: 0180-5 01 20 54*
E-Mail:
leserservice@graefe-und-unzer.de

P.S.: Wollen Sie noch mehr Aktuelles von GU wissen, dann abonnieren Sie doch unseren kostenlosen GU-Online-Newsletter und/oder unsere kostenlosen Kundenmagazine.

GRÄFE UND UNZER VERLAG
Leserservice
Postfach 86 03 13
81630 München

Projektleitung: Alexandra Stronski
Lektorat: Angelika Lang
Bildredaktion: Petra Ender
Umschlaggestaltung und Layout: independent Medien-Design, Horst Moser, München
Herstellung: Claudia Labahn
Satz: Uhl + Massopust, Aalen
Reproduktion: Longo AG, Bozen
Druck: Firmengruppe APPL, aprinta druck, Wemding
Bindung: Firmengruppe APPL, sellier druck, Freising

Printed in Germany

ISBN 978-3-8338-1713-7

1. Auflage 2010

Die Autorin

Kristina Falke, ausgebildete Hundetrainerin und Hundeverhaltensberaterin und selbst zweifache Mutter, arbeitet mobil sowie in ihrer Praxis für kynologische Verhaltensberatung (www.kristina-falke.de) mit verhaltensauffälligen Hunden jeder Art und hilft fachlich kompetent bei allen Problemen rund um den Hund. Ihr Anliegen ist es, dass Kinder und Hunde harmonisch miteinander aufwachsen und dass Kinder lernen, richtig mit einem Hund umzugehen.

Die Fotografin

Regina Kuhn ist freie Fotodesignerin und arbeitet als Bildautorin für renommierte Verlage und Zeitschriften im Bereich der Heimtierfotografie. Alle Fotos in diesem Buch stammen von Regina Kuhn, mit Ausnahme von:
Gettyimages: 1; **Oliver Giel:** 34; **Christine Steimer:** U7-3; **Tierfotoagentur:** U3-2

Syndication:
www.jalag-syndication.de

GRÄFE UND UNZER

Ein Unternehmen der
GANSKE VERLAGSGRUPPE